中等职业教育课程改革创新教材

CO_2气体保护焊实训

第 2 版

主　编　王子瑜　王云鹏

副主编　冯菁菁

参　编　万荣春　魏同锋　陈　曦

机械工业出版社

本书在第 1 版的基础上，充实了焊接设备的安装使用、工艺基础、劳动保护、各焊接位置的基本操作要领等相关内容。本书分为 7 章，内容包括 CO_2 焊设备及使用、CO_2 焊焊接材料、CO_2 焊工艺基础、CO_2 焊质量管理与控制、劳动保护及安全检查、CO_2 焊板焊操作技术、CO_2 焊管焊与管板组合焊操作技术。本书内容丰富翔实、通俗易懂、图文并茂、实用性强。

本书可作为职业院校焊接专业教材或培训用书，也可供相关技术人员参考。

图书在版编目（CIP）数据

CO2 气体保护焊实训/王子瑜，王云鹏主编 . —2 版 . —北京：机械工业出版社，2020.6（2024.8 重印）
中等职业教育课程改革创新教材
ISBN 978-7-111-65504-6

Ⅰ.①C… Ⅱ.①王…②王… Ⅲ.①二氧化碳保护焊-中等专业学校-教材 Ⅳ.①TG444

中国版本图书馆 CIP 数据核字（2020）第 072745 号

机械工业出版社（北京市百万庄大街 22 号 邮政编码 100037）
策划编辑：齐志刚 责任编辑：齐志刚 张亚捷
责任校对：王 欣 封面设计：陈 沛
责任印制：刘 媛
涿州市般润文化传播有限公司印刷
2024 年 8 月第 2 版第 4 次印刷
184mm×260mm · 10.5 印张 · 256 千字
标准书号：ISBN 978-7-111-65504-6
定价：29.80 元

电话服务 网络服务
客服电话：010-88361066 机 工 官 网：www.cmpbook.com
　　　　　010-88379833 机 工 官 博：weibo.com/cmp1952
　　　　　010-68326294 金 书 网：www.golden-book.com
封底无防伪标均为盗版 机工教育服务网：www.cmpedu.com

第2版前言

本书是为贯彻《国家职业教育改革实施方案》精神，落实教育部关于职业教育实施"1+X"证书制度的改革要求，结合当前焊接专业的发展需求，以学生就业为导向，以企业用人标准为依据，同时为适应"工学结合，校企合作"的培养模式，在第1版的基础上修订而成的。

本书在修订过程中，尽可能多地充实新知识、新工艺。在知识结构上，主要包括 CO_2 气体保护焊的设备、材料、工艺、质量、安全及操作；在专业知识内容安排上，摒弃了"繁、难、偏、旧"的理论知识，把实用的专业知识同技能实训紧密结合，坚持以够用、实用为原则；对技能实训内容进行了重新编排和充实，使其由浅入深、循序渐进，并加入更多的图形、图片，使书中内容更为直观、易学，从而提高读者学习兴趣，降低学习难度。为了配合教学，方便师生，本书还配套了相应的电子教学资源。

本书由王子瑜、王云鹏任主编，冯菁菁任副主编。本书共7章，编写分工为：王子瑜修订、编写第一、第六章及绪论部分，万荣春修订、编写第四、第五章，魏同锋、陈曦共同修订、编写第二、第三、第七章。冯菁菁协助主编统稿，并负责教材配套电子资源的制作。

本书在编写过程中，参阅了有关书籍和网络资料，得到了渤海船舶职业学院和相关企业的大力支持，在此一并致以诚挚的谢意。

由于编者能力、水平有限，书中难免存在缺点和不足之处，敬请使用本书的教师和广大读者批评指正。

编　者

第1版前言

本书是为了进一步加强职业教育教材建设，满足现阶段职业院校焊接专业对教材的需求，结合该专业的发展状况和职业教育特点，按照专业教学目标和职业技能鉴定要求而编写的。

本书的编写立足于基本知识、基本工艺、基本技能的传授与训练；立足于掌握操作要领和安全技术。主要体现在以下几方面：其一，遵从职业教育学生的培养目标和认知特点，在突出应用性、实践性的基础上重组课程结构，更新教学内容体系，教材结构向"理论浅、内容新、应用多和学得活"的方向转变；其二，当今高新技术迅速发展，增加了与职业能力培养相关的新技术、新工艺、新设备、新材料，具有一定的超前性和先进性；其三，课程内容紧紧围绕培养学生生产现场所要求的职业能力来阐述，融入国家职业技能鉴定中的理论知识点，注重实践教学，注重操作技能培养。

为了保证教材的编写质量，突出能力目标、技能训练的方法和手段，本书邀请了企业技术人员参加编写。全书共八章，王云鹏编写绪论及第一、二章；魏亮编写第三章；张磊编写第四章；北京城建安装公司培训中心蔺文生编写第五、六章；瑞木镍钴管理（中冶）有限公司谷廷宝编写第七章；尹文新编写第八章。本书由王云鹏担任主编并统稿。

本书在编写过程中得到了参编、参与单位以及许多学校和工厂相关人员的大力支持和热情帮助，在此表示衷心感谢。

由于编者水平有限，书中难免存在疏漏和不妥之处，敬请使用本书的教师和广大读者批评指正。

编　者

目　　录

绪　论

一、焊接的实质和分类

1. 焊接的实质

焊接是通过加热或加压，或两者并用，并且使用或不使用填充材料，使焊件间达到原子结合的一种金属加工方法。焊接与其他金属连接方法的根本区别在于，通过焊接，两个焊件不仅在宏观上建立了永久性的连接，而且在微观上形成了原子间的结合。

2. 焊接方法的分类

为使金属接触表面达到原子间结合的目的，必须从外部给被连接的金属以很大的能量，按焊接过程中金属所处的状态不同，可以把焊接方法分为熔焊、压焊和钎焊三大类。

（1）熔焊　熔焊是指在焊接过程中，将焊件接头加热至熔化状态，不加压而完成焊接的方法。在加热的条件下，增强了金属的原子动能，促进原子间的相互扩散。当被焊金属加热至熔化状态形成液态熔池时，原子之间可以充分扩散和紧密接触，冷却凝固后就可以形成牢固的焊接接头。熔焊是金属焊接中最主要的一种方法，常用的有焊条电弧焊、埋弧焊、气焊、电渣焊、气体保护焊等。

（2）压焊　压焊就是在焊接过程中，无论加热与否，必须对焊件施加一定压力以形成焊接接头的焊接方法。这类焊接有两种方式：一是将两块金属的接触部位加热到塑性状态，然后施加一定的压力，这就增加了两块金属焊件表面的接触面积，促使金属的有效接触，最终形成牢固的焊接接头，如电阻焊、摩擦焊、锻焊等；二是不进行加热，仅在被焊金属的接触面上施加足够的压力，借助于压力所形成的塑性变形，使原子间相互靠近而形成牢固的接头，如冷压焊、爆炸焊等。

（3）钎焊　钎焊是采用比母材熔点低的钎料作为填充材料，在低于母材熔点、高于钎料熔点的温度下，借助于钎料润湿母材的作用以填满母材的间隙并与母材相互扩散，最后冷却凝固形成牢固的焊接接头的方法。常用的钎焊方法有烙铁钎焊、火焰钎焊等。

二、CO_2 气体保护焊原理

气体保护焊是用外加气体作为电弧介质并保护焊接区和金属熔池不受外界空气侵入的熔焊方法。按照焊接保护气体的种类不同可分为：氩弧焊、氦弧焊、氮弧焊、氢原子焊、CO_2 气体保护焊等。按操作方式不同，又可分为手工、半自动和自动气体保护焊。

CO_2 气体保护焊是用 CO_2 作为保护气体，依靠焊丝与焊件之间产生的电弧来熔化金属的气体保护焊方法，简称 CO_2 焊。

CO_2 焊焊接时使用成盘的焊丝，焊丝由送丝机构经软管和焊枪的导电嘴送出。CO_2 焊采用直流反接法，焊接电源的两输出端，正极接在焊枪上，负极接在焊件上。

当焊丝与焊件接触后产生电弧，在高温电弧的作用下，焊件局部熔化形成熔池，而焊丝末端也随着熔化，形成熔滴过渡到熔池中去。同时，气瓶中送出的 CO_2 气体以一定的压力和流量从焊枪的喷嘴中喷出，在电弧周围形成了一个具有挺直性的气体帷幕，像保护罩一样，保护了熔化的液态金属，阻止外界有害气体的侵入，随着焊枪的不断移动，熔池凝固后便形成焊缝。CO_2 焊焊接过程如图 0-1 所示。

三、CO_2 气体保护焊特点

1. CO_2 焊的优点

CO_2 焊与焊条电弧焊、埋弧焊相比有以下优点：

（1）生产效率高 主要表现在以下几方面。

1）焊丝通过导电嘴送出自动进给，且焊丝伸出长度较短，电阻较小，所以焊接电流密度大，通常为 $100 \sim 300A/mm^2$。

2）采用焊条电弧焊和埋弧焊时，有相当大一部分热能用于熔化焊条药皮或焊剂，损失在辐射、金属烧损、飞溅等方面的热能很大。而采用 CO_2 焊时，电弧热量集中，焊丝的熔化效率高，母材的熔透深度大，焊接速度高。

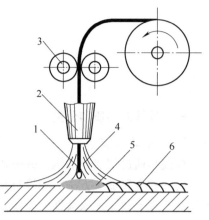

图 0-1 CO_2 气体保护焊焊接过程示意图
1—焊丝 2—喷嘴 3—送丝滚轮
4—保护气体 5—熔池 6—焊缝

3）焊后没有焊渣，特别是进行多层焊时，减少了清渣的时间，因此提高了生产效率，是焊条电弧焊的 2~4 倍。

（2）焊接成本低 CO_2 气体便宜，电能和焊接材料消耗少，对焊前生产准备要求低，焊后清渣和校正所需的工时也少。一般情况下，CO_2 焊的成本为焊条电弧焊的37%～42%，为氩弧焊的40%。

（3）焊接变形小 由于电弧热量集中和 CO_2 气体的冷却作用，焊件受热面积小。因此，焊后变形小，在薄板焊接时表现较为明显。

（4）耐锈蚀能力强 由于在 CO_2 焊过程中 CO_2 气体的分解，造成氧化性强，降低了焊缝对油、锈的敏感性。所以，焊前对工件表面除锈要求较低，可节省生产中的辅助时间。

（5）焊接质量高，抗裂性能好 CO_2 气体在高温中分解出氧，与氢结合能力比较强，从而 CO_2 焊焊缝含氢量比其他焊接方法都低，提高了焊接接头的抗冷裂纹的能力。

除上述优点外，CO_2 气体保护焊是明弧焊接，与埋弧焊相比，熔池可见，操作方便，不易焊偏，适用于全位置焊接，有利于实现机械化和自动化。

2. CO_2 焊的缺点

CO_2 焊存在以下几方面缺点：

1）CO_2 焊具有氧化性，合金元素烧损较严重。

2）飞溅多，且飞溅物经常黏在喷嘴上，阻碍气流喷出，影响保护效果。

3）焊缝成形较差。

4）焊接设备较复杂。

四、CO_2 气体保护焊的应用与发展

焊接技术历来都是随着科学技术的整体进步而发展和变革的。20 世纪前期发明和推广了焊条电弧焊，中期发明和推广了埋弧焊和气体保护焊。随着现代科学不断的发展和进步，焊接产业开始向高新技术方向发展，特别是气体保护焊（包括 CO_2 焊和氩弧焊等）技术更

加突出地反映了整个国家的工业生产水平和机械制造水平。

　　CO_2 焊自诞生以来，作为一种高效率的焊接方法，在我国获得了广泛的应用。尤其是近些年，中国成为"世界工厂"后，外贸金属加工业务大量增加、钢结构行业大力发展，CO_2 焊以其高性价比的特点，得到了前所未有的普及，成为最优先选择的焊接方法之一。图 0-2 所示是 CO_2 焊机器人。

图 0-2　CO_2 焊机器人

　　CO_2 焊可用于焊接低碳钢、低合金钢及低合金高强度钢，在某些情况下，还可以焊接耐热钢、不锈钢或用于堆焊耐磨零件及焊补铸钢件和铸铁件等。

　　五、主要内容与学习方法

　　本教材主要包括 CO_2 焊的基本理论（焊接电源、焊接材料等）、焊接质量管理、焊接劳动保护与安全检查以及 CO_2 焊的基本操作方法等内容，从介绍 CO_2 焊设备及焊接材料入手，较为全面、系统地介绍了 CO_2 焊的基本知识和操作技能，这是从事焊接生产操作人员必备的专业理论知识和基本操作技能。

　　通过本课程的学习，应达到以下目的和要求：

　　1）掌握常用的 CO_2 焊设备的选择和使用方法。

　　2）初步掌握焊接材料的性能及选用和使用原则。

　　3）初步掌握 CO_2 焊的基本操作技能。

　　4）了解 CO_2 焊焊接缺陷的种类。

　　5）掌握 CO_2 焊生产过程中的劳动保护及安全方面的基本知识。

　　学习本课程时应注意掌握学习方法。"CO_2 气体保护焊实训"是一门实践性较强的专业课程，要注意理论联系实际，善于综合运用专业知识去认识和分析 CO_2 焊生产中的实际问题。学习本课程前，应使学生对焊接结构生产的全过程有一定程度的感性认识，通过组织学生进行现场教学和参观，加深对理论与实际关系的正确认识；还可结合电化教学的方式开阔学生的视野，培养学生分析问题和解决问题的能力。

第一章 CO_2 焊设备及使用

学习目标：通过学习本章内容，使学生了解 CO_2 焊设备的组成及特点，熟悉设备的安装及使用方法；使学生在实际生产过程中能够正确拆装 CO_2 焊的焊接设备，并熟练使用设备进行焊接操作。

第一节 CO_2 焊设备

一、CO_2 焊对设备的要求及设备的组成

1. CO_2 焊对设备的要求

CO_2 焊对设备的主要要求包括综合工艺性能、良好的使用性能和提高焊接过程稳定性的途径。

（1）综合工艺性能　CO_2 焊焊接过程中，要想焊出达到焊接要求的焊接接头，必须要有综合性能良好的焊接设备作为基础。因此，焊接综合性能好的焊接设备是保证焊接接头质量的前提条件。这就需要焊接设备在焊接过程中能始终保持焊接引弧的容易性，而且电弧的自动调节能力好，也就是在弧长发生变化时，焊接电流也要随之发生相应变化，即弧长变化时，焊接电流的变化要尽量小；焊丝的伸长长度变化时，产生的静态电压误差值要小，并且焊接时焊接参数的调节要方便灵活，准确度高，能够满足多种直径焊丝焊接的要求。

（2）良好的使用性能　CO_2 焊还要求 CO_2 焊焊机必须要有良好的使用性能，即在焊接过程中，焊枪要轻巧灵活，操作方便自如；送丝机构要轻便小巧，方便焊接过程中的整体移动；提供保护气体的系统要顺畅，气体保护状况稳定良好；另外，还要求 CO_2 焊焊机发生故障维修时要方便简单，故障发生率越低越好；除此以外，CO_2 焊焊机的安全防护措施也是很关键的因素，要确保 CO_2 焊焊机有良好的安全性能的保障。

（3）提高焊接过程稳定性的途径　为了有效提高焊接过程中的稳定性，送丝机构必须在设计上更趋于合理化，在焊接整个过程中要确保匀速稳定地送丝。CO_2 焊焊机的外特性也要进行仔细的选择，尽量达到合理的标准，如弧压反馈送丝焊机采用了下降外特性的电源，等速度送丝焊机选用平或缓降外特性的电源。

2. CO_2 焊设备的基本组成

CO_2 焊按操作方法可分为自动焊和半自动焊两种，按采用的焊丝直径可分为细丝焊和粗丝焊两种。细丝焊采用的焊丝直径小于 1.6mm，适用于薄板焊接；粗丝焊采用的焊丝直径大于或等于 1.6mm，适用于中厚板的焊接。

半自动 CO_2 焊设备主要由焊接电源、送丝机构、焊枪、供气系统四部分组成，如图 1-1 所示。

（1）焊接电源　具有平特性的直流焊接电源。面板上装有指示灯及调节旋钮等。

（2）送丝机构　该送丝机构包括机架、送丝电动机、焊丝校直轮、压紧轮和送丝轮等，还备有装夹焊丝盘、电缆及焊枪的机构。焊接过程中要求送丝机构能均匀地输送焊丝。

（3）焊枪　用来传导电流、输送焊丝和保护气体。

（4）供气系统　由气瓶、减压流量调节器及管道等组成。

相对于其他弧焊机，CO_2 焊焊机增加了送丝机构及相应的送丝控制电路，在焊接过程中实现了半自动化，不但提高了效率，而且减少了损耗。CO_2 焊焊机具有良好的引弧特性，电弧燃烧稳定，焊接过程中使用 CO_2 气体做保护，引弧容易，送丝速度、输出电压连续可调节，适用于各类焊接。

图1-1　半自动 CO_2 焊设备示意图
1—供气系统　2—送丝机构　3—焊枪　4—焊接电源

二、焊接电源

1. 焊接电源的种类

根据焊接参数、调节方法的不同，CO_2 焊焊接电源可分为如下两类。

（1）一元化调节电源　这种电源只需要一个旋钮调节焊接电流，控制系统自动调节电弧电压保持在最佳状态。如果操作者对所焊焊缝成形不满意，那么可适当调节焊接电压，以保持最佳匹配，这种调节方式的焊机使用时特别方便。

（2）多元化调节电源　这种电源的焊接电流和电弧电压分别用两个旋钮调节，用这种控制方式调节焊接参数较麻烦，但参数的可调节范围更大，对特殊焊接环境、位置的适应性更强。

2. 对焊接电源的基本要求

CO_2 焊焊接起始时，焊丝由送丝机构送出，接触工件，使焊丝与工件短路，产生大电流，使得焊丝顶端熔化。此时，焊丝与工件间形成电弧，随着焊丝的不断送出，电弧变短，焊丝再次接触工件，如此周而复始形成焊接过程。

在焊接过程中，电弧不断地燃弧、短路、重新引弧、燃弧，如此周而复始，使得弧焊电源经常在负载、短路、空载三种状态间转换。因此，要获得良好的引弧、燃弧和熔滴过渡的状态，必须对电源提出如下要求：

1）焊接电压可调，以适应不同焊接需求。

2）最大电流限制，即有截流功能，避免因短路、干扰而引起的大电流损坏设备，而电流正常后，又能正常工作。

3）适合的电流上升、下降速度，以保证电源负载状态变化，而不影响电源稳定和焊接质量。

4）满足送丝电动机的供电需求。

5）平稳可调的送丝速度，以满足不同焊接需求，保证焊接质量。

6）满足其他焊接要求，如手开关控制，焊接电流、电压显示，焊丝选择，完善的指示与保护系统等。

3. CO_2 焊电源的外特性曲线

由于 CO_2 焊电源的负载状态不断地在负载、短路、空载三种状态间转换，其输出电压与输出电流的关系如图1-2a所示。为了得到适宜的焊接电源外特性和良好的焊接效果，采用恒速送丝配合（图 1-2b）的平台型外特性电源的控制系统，它有以下优点：

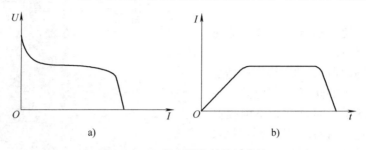

图 1-2　CO$_2$ 焊电源的外特性曲线

1）弧长变化时引起较大的电流变化，因而电弧自调节作用强，而且短路电流大，引弧容易。

2）电弧电压和焊接电流可单独加以调节。通过改变占空比调节电弧电压，改变送丝速度来调节焊接电流，两者间相互影响小。

3）电弧电压基本不受焊丝伸出长度变化的影响。

4）有利于防止焊丝回烧和粘丝。因为电弧回烧时，随着电弧拉长，焊接电流很快减小，使得电弧在未回烧到导电嘴前已熄灭；焊丝粘丝时，平特性电源有足够大的短路电流使粘接处爆开，从而可避免粘丝。

4. CO$_2$ 焊电源型号的编制与主要技术参数

CO$_2$ 焊电源型号一般由汉语拼音和数字所组成，型号编排顺序如下所示：

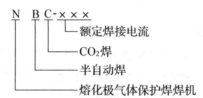

国产 CO$_2$ 焊焊机型号和主要技术参数见表 1-1。

表 1-1　国产 CO$_2$ 焊焊机型号和主要技术参数

焊 机 型 号	电源电压/V	工作电压/V	额定焊接电流/A	额定负载持续率（%）	焊丝直径/mm	送 丝 方 式	送丝速度/（m/h）
NBC-160	380	12~22	160	60	0.5~1.0	拉丝	40~200
NBC-200	380	12~22	200	60	0.5~1.0	拉丝	90~540
NBC-250	380	17~26	250	60	0.8~1.2	推丝	60~250
NBC-315	380	30	315	60	0.8~1.2	推丝	120~270
NBC-400	380	18~34	400	60	0.8~1.6	推丝	80~500
NBC-500	380	13~45	500	80	1.2~1.6	推丝	120~720
NBC1-200	380	14~30	200	100	0.8~1.2	推丝	100~1000
NBC1-250	380	27	250	60	1.0~1.2	推丝	120~720
NBC1-300	380	17~29	300	70	1.0~1.4	推丝	160~480
NBC1-400	220	15~42	400	60	1.2~1.6	推丝	80~800
NBC1-500-1	380	15~40	500	60	1.2~2.0	推丝	160~480
NBC2-500	380	20~40	500	60	1.0~1.6（1.6~2.4）	推丝	120~1080
NBC3-250	380	14~30	250	100	0.8~1.6	推丝	100~1000
NZC-500-1	380	20~40	500	60	1.0~2.0	推丝	96~960
NZC-1000	380	30~50	1000	100	3.0	推丝	60~228

图 1-3 所示为 NBC-250 型 CO_2 焊焊机，焊机采用的模块及电气元件可靠性高，具有自动点焊功能；特殊方法绕制的变压器性能优异，飞溅小，熔池深，焊缝成形好，焊接速度快，引弧成功率高。

NBC-250 型 CO_2 焊焊机适用于碳钢、低合金钢进行空间全位置焊接。适用焊丝直径为 $\phi 0.8 \sim \phi 1.0 mm$，可焊接各种中、薄厚度的普通结构件。NBC-250 型 CO_2 焊焊机的主要技术参数见表1-2。

图 1-3　NBC-250 型 CO_2 焊焊机外形图

表 1-2　NBC-250 型 CO_2 焊焊机的主要技术参数

型　号	NBC-250
输入电源	三相，380（1±10%）V，50Hz
额定输入电流/A	14
额定输入功率/kW	9
功率因数	0.95
空载电压范围/V	18~35
焊接电压可调级数	10
焊接电流可调范围/A	40~250
负载持续率（40℃）	250A　40%
	200A　60%
	150A　100%
效率	≥84%
适用焊丝直径/mm	0.8~1.0
主机外形尺寸（长/mm）×（宽/mm）×（高/mm）	620×370×245
主机质量/kg	80
外壳防护等级	IP21S
绝缘等级	F

图 1-4 所示是 NBC-350 型 CO_2 焊焊机，焊机采用先进的 IGBT 逆变技术，具有重量轻、体积小、效率高和可靠性高等优点，对电网电压波动具有自动补偿功能，有过电压、欠电压、过电流、过热等自动保护功能。根据电缆长度自动补偿，确保不同电缆长度均有良好的焊接性。

NBC-350 型 CO_2 焊焊机适用于不锈钢、碳钢、低合金钢和高强度钢等钢铁材料的焊接。选用直径 $\phi 0.8 \sim \phi 1.2 mm$ 的焊丝，可焊接大型的铝合金构件，进行大型铝槽、罐对接以及角接焊缝的填充与盖面。NBC-350 型 CO_2 焊焊机的主要技术参数见表 1-3。

图 1-4　NBC-350 型 CO₂ 焊焊机外形图

表 1-3　NBC-350 型 CO₂ 焊焊机的主要技术参数

型　号	NBC-350
输入电源	三相，380（1±10%）V，50Hz
额定输入电流/A	21
额定输入功率/kV·A	15
功率因数	≥0.87
CO₂ 气体预热电源	AC 36V
最大空载电压/V	58
焊接电流可调范围/A	60~350
负载持续率（40℃）	350A　60%
	270A　100%
效率	≥89%
适用焊丝直径/mm	0.8~1.2
主机外形尺寸 （长/mm）×（宽/mm）×（高/mm）	576×297×574
主机质量/kg	40
标配送丝装置	WF-350
送丝机外形尺寸 （长/mm）×（宽/mm）×（高/mm）	450×180×310
送丝机质量/kg	13.6
外壳防护等级	IP21S
绝缘等级	F

5. 焊接电源的负载持续率

任何电气设备在使用时都会发热，温度升高。如果温度太高，绝缘将会损坏，就会使电气设备烧毁，所以必须了解焊机的额定焊接电流和负载持续率以及它们之间的关系。

（1）负载持续率 负载持续率按下式计算

$$负载持续率=\frac{燃弧时间}{焊接时间}\times100\%$$

焊接时间是燃弧时间与辅助时间之和。当电流通过导体时，导体将发热，发热量与电流的二次方成正比，电流越大，发热量越大，温度越高。当电弧燃烧时，发热量增大，焊接电源温度升高；电弧熄灭时，发热量减小，焊接电源温度降低。电弧燃烧时间越长，辅助时间越短，即负载持续率越高，焊接电源温度升高得越快，焊机越容易烧坏。

（2）额定负载持续率 在焊机出厂标准中规定了额定负载持续率。我国规定焊机的额定负载持续率一般为 60%，即在 5min 内，连续或累计电弧燃烧 3min，辅助时间为 2min。

（3）额定焊接电流 在额定负载持续率下，允许使用的最大的焊接电流称为额定焊接电流。

（4）允许使用的最大焊接电流 当负载持续率低于 60% 时，允许使用的最大焊接电流比额定焊接电流大，负载持续率越低，可以使用的焊接电流越大。当负载持续率高于 60% 时，允许使用的最大焊接电流比额定焊接电流小。

已知额定负载持续率、额定焊接电流和负载持续率时，可按下式计算允许使用的最大焊接电流

$$允许使用的最大焊接电流=\frac{额定负载持续率}{实际负载持续率}\times额定焊接电流$$

三、送丝机构

CO₂ 焊送丝机构由电动机、减速器、校直轮、送丝轮、压紧轮、送丝支架等组成。图 1-5 是 CO₂ 焊送丝机构实物图及技术参数。

主要技术参数	
送丝电压	DC 24V
	AC 18.3V
电磁阀电压	DC 24V
	AC 36V
焊丝直径/mm	钢芯：0.8、1.0、1.2、1.6、2.0
	药芯/整芯：1.8、2.0、2.4
接口类型	松下/欧式
送丝速度范围	1.5~15m/min
适用焊丝盘	φ300mm×φ50mm×103mm
焊丝盘最大容量	20kg
额定牵引力	150N
体积	480mm×200mm×280mm

图 1-5 送丝机构实物图及技术参数

1. 送丝控制功能的一般要求

1）焊丝的送出速度可调，且调速方便，以满足不同的环境、人为要求。

2）送丝速度均匀平稳，以达到良好的焊接效果。

3）尽可能短的送丝停止时间，即具有紧急制动功能。

4）送丝控制与开关控制同步，手动开关应能够具有灵敏的送丝起动、制动控制；适宜的输出电流延时、峰波控制；灵敏、可靠、适宜的通断气体控制。

5）送丝机构结构牢固、轻巧。

2. 送丝方式

送丝方式可分为以下三种：

（1）推丝式送丝 推丝式送丝焊枪与送丝机构是分开的，焊丝由送丝滚轮推入软管，经过一段软管送到焊枪中，再经焊枪上的导电嘴送至焊接电弧区。这种送丝方式结构简单轻巧、使用灵活方便，但焊丝通过软管时受到的阻力较大，因而对软管的质量要求较高，同时软管长度及焊枪活动范围也受到限制，通常只能在离送丝机 3~5m 的范围内进行焊接操作。推丝式送丝可采用较大直径的焊丝盘，被广泛应用于焊丝直径为 $\phi0.5~\phi1.2mm$ 的 CO$_2$ 焊焊接。

（2）拉丝式送丝 拉丝式送丝是把送丝电动机、减速箱、送丝轮和小型焊丝盘都装在焊枪上，不用送丝软管。送丝速度稳定、结构紧凑，焊枪活动范围大，但焊枪质量增大，操作时劳动强度大，适用于细直径焊丝焊接薄钢板。

（3）推拉式送丝 推拉式送丝是以上两种送丝方式的组合，通过安装在焊枪内的拉丝电动机和送丝装置内的推丝电动机两者同步运转完成的送丝动作，可以克服焊丝通过软管时的摩擦阻力。送丝时以推丝为主，通过自动调节，可使推丝与拉丝的进给力始终在拉丝从属推丝的状态，这样不会使焊丝弯曲或中断。这种送丝方式的送丝软管可达 20~30m，如焊接需要，最长可加长到 60m，能大大增加操作的灵活性，还可多级串联使用。但该送丝方式设备结构复杂、维修不方便，因此应用较少。

3. 送丝轮

根据送丝轮的表面形状和结构的不同，可将推丝式送丝机构分成两类。

（1）平轮 V 形槽送丝机构 如图 1-6 所示，送丝轮上开有 V 形槽，靠焊丝与 V 形槽两个接触点的摩擦力送丝。由于摩擦力小，送丝速度不够平稳，但因其设计与制造简单，故我国生产的大多数送丝机构都采用这种送丝方式。

采用推丝式送丝机构装焊丝时应根据

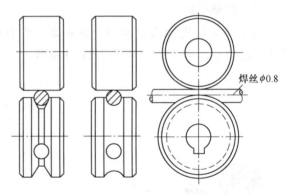

焊丝$\phi0.8$

图 1-6 平轮 V 形槽送丝机构

焊丝直径选择合适的 V 形槽，并调整好压紧力。若压紧力太大，将会在焊丝上压出棱边和很深的齿痕，使送丝阻力增大，导电嘴内孔易磨损；若压紧力太小，则送丝不均匀，甚至送不出焊丝。

（2）行星双曲线送丝机构 如图 1-7 所示，此送丝机构采用特殊设计的双曲线送丝轮，使焊丝与送丝轮保持线接触，送丝摩擦力大，速度均匀，送丝距离大，焊丝没有压痕，能校直焊丝，对带轻微锈斑的焊丝有除锈作用，且送丝机构简单，性能可靠，但设计与制造比较麻烦。

四、焊枪

1. 焊枪的种类

（1）按送丝方式分类 根据送丝方式的不同，焊枪可分为拉丝式焊枪和推丝式焊枪两类。不同形式的焊枪如图 1-8 所示。

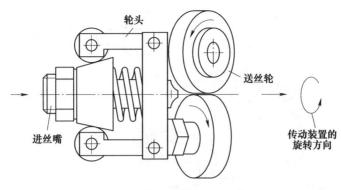

图 1-7　行星双曲线送丝机构

1）拉丝式焊枪如图 1-9 所示，这种枪的主要特点是送丝均匀稳定，其活动范围大。但因送丝机构和焊丝都装在焊枪上，故焊枪结构复杂、笨重，只能使用直径 0.5~0.8mm 的细焊丝焊接。

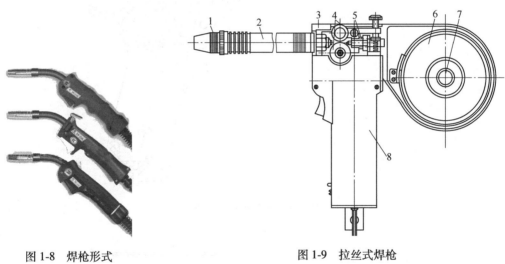

图 1-8　焊枪形式

图 1-9　拉丝式焊枪
1—喷嘴　2—枪体　3—绝缘外壳　4—送丝轮
5—螺母　6—焊丝盘　7—压栓　8—电动机

2）推丝式焊枪结构简单、操作灵活，但焊丝经过软管时受较大的摩擦阻力，适用于直径 1.0mm 以上的焊丝焊接。

（2）**按焊枪形状分类**　根据焊枪形状的不同，焊枪可分为两种。

1）鹅颈式焊枪如图 1-10 所示。这种焊枪形似鹅颈，使用灵活方便，对某些难以达到的拐角处和某些受限区域的焊接性好，应用较广，适用于小直径焊丝的焊接。

2）手枪式焊枪如图 1-11 所示。这种焊枪形似手枪，适用于焊接除水平面以外的空间焊缝。焊接电流较小时，焊枪采用自然冷却；当焊接电流较大时，采用水冷式焊枪。

2. 鹅颈式焊枪的结构

典型的鹅颈式焊枪头部的结构如图 1-12 所示。下面说明主要部件的作用和要求。

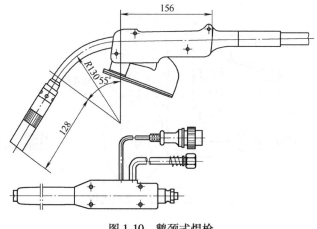

图 1-10　鹅颈式焊枪

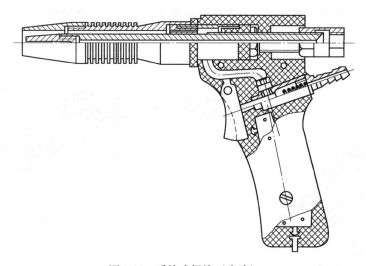

图 1-11　手枪式焊枪（水冷）

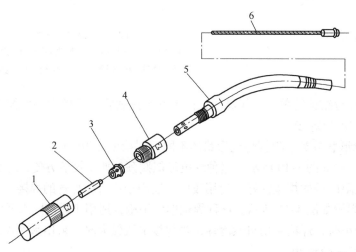

图 1-12　鹅颈式焊枪头部的结构

1—喷嘴　2—焊丝嘴　3—分流器　4—接头　5—枪体　6—弹簧软管

（1）喷嘴　其内孔的直径将直接影响保护效果，要求从喷嘴中喷出的保护气体为截头圆锥体，均匀地覆盖在熔池表面。保护气体的形状如图 1-13 所示。喷嘴内孔的直径为 16~22mm，为节约保护气体，便于观察熔池，喷嘴直径不宜太大。常用纯铜或陶瓷材料制造喷嘴，为降低其内表面的表面粗糙度值和提高其表面的硬度，在纯铜喷嘴的表面镀一层铬。

喷嘴以圆柱形较好，也可做成上大下小的圆锥形，如图 1-14 所示。焊接前，最好在喷嘴的内、外表面喷涂上一层防飞溅喷剂或刷一层硅油，以便于清除黏附在喷嘴上的飞溅物，并延长喷嘴使用寿命。

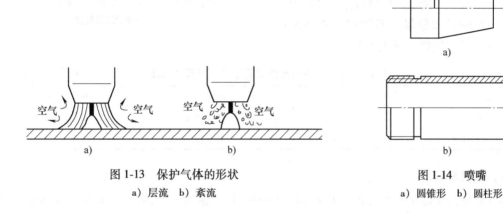

图 1-13　保护气体的形状

a）层流　b）紊流

图 1-14　喷嘴

a）圆锥形　b）圆柱形

（2）导电嘴　导电嘴外形如图 1-15 所示。它常用纯铜、铬青铜材料制造。为保证导电性能良好，减小送丝阻力和保证对准中心，导电嘴的内孔直径必须按焊丝直径选取。若孔径太小，则送丝阻力大；若孔径太大，则送出的焊丝端部摆动太厉害，造成焊缝不直，保护效果也不好。通常导电嘴的孔径比焊丝直径大 0.2mm 左右。

（3）分流器　分流器是用绝缘陶瓷制造而成的，上有均匀分布的小孔，从枪体中喷出的保护气体经分流器后，从喷嘴中呈层流状均匀喷出，可改善气体保护效果。分流器的结构如图 1-16 所示。

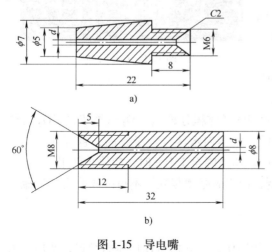

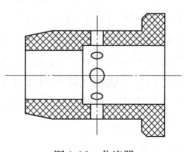

图 1-15　导电嘴

a）适用细丝　b）适用直径大于 2mm 的焊丝

图 1-16　分流器

（4）导管电缆 导管电缆的外面为橡胶绝缘管，内有弹簧软管、纯铜导电电缆、保护气管和控制线，如图1-17所示。常用的标准长度为3m。根据需要，也可采用6m长的导管电缆。导管电缆内的弹簧软管尺寸直接影响焊接时送丝的稳定性，操作前应正确选择弹簧软管的直径和内径。若焊丝粗，弹簧软管内径小，则送丝阻力就大；若焊丝细，弹簧软管内径大，则送丝时焊丝在软管中容易弯曲，影响送丝效果。不同焊丝直径的弹簧软管直径尺寸选择，见表1-4。

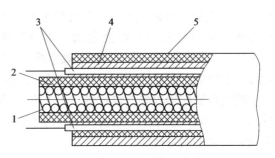

图1-17 导管电缆内部结构
1—弹簧软管 2—内绝缘套管 3—控制线
4—电缆 5—橡胶绝缘外套

表1-4 不同焊丝直径的弹簧软管直径尺寸选择 （单位：mm）

焊丝直径	软管直径	焊丝直径	软管直径
0.8~1.0	1.5	>1.4~2.0	3.2
>1.0~1.4	2.5	>2.0~3.5	4.7

五、供气系统

供气系统的功能是向焊接区提供稳定的保护气体，由 CO_2 气瓶、减压器、预热器、干燥器、流量计及电磁气阀等组成。

1. CO_2 气瓶

瓶体为银白色，涂有"二氧化碳"黑色字样，如图1-18所示。CO_2 气瓶容积为40L，可装25kg液态 CO_2，液面上为 CO_2 气体（含有水蒸气、空气等杂质）。满瓶 CO_2 气瓶中，液态 CO_2 和气态 CO_2 约分别占气瓶容积的80%和20%。焊接用的 CO_2 气体是由气瓶内的液态 CO_2 汽化成的。在标准状态下，1kg液态 CO_2 可汽化成500L气态 CO_2。瓶内有液态 CO_2 时，气态 CO_2 的压力为4.90~6.86MPa，压力随环境温度而变化。CO_2气瓶内 CO_2 的储量不能用瓶内气体压力来表示。

图1-18 CO_2 气瓶

CO_2 焊用的 CO_2 气体纯度一般要求不低于99.5%（体积分数）。CO_2 气瓶里的 CO_2 气体中水蒸气的含量与气体压力有关，气体压力越低，气体内水蒸气含量越高，越容易产生气孔。因此，CO_2 气瓶内气体压力要求不低于1MPa。压力降至1MPa时，应停止使用。

CO_2 气瓶应小心轻放，竖立固定，防止倾倒；使用时必须竖立，不得卧放使用；气瓶与热源距离应大于5m。

2. 减压器

减压器的作用是将气瓶内的气体压力降低至使用压力，并保持使用压力稳定，使用压力还应该可以调节。CO_2 气体减压器原理与氧气减压器相同。

3. 预热器

高压 CO_2 气体经减压器变成低压气体时，因体积突然膨胀，温度会降低，使气体温度下降到0℃以下，很容易把瓶阀和减压器冻坏并造成气路堵塞。预热器的作用是防止瓶阀和减压器冻坏或气路堵塞。预热器的功率为100W左右，预热器电压应低于36V，外壳接地应可靠。工作结束应立即切断电源和气源。

4. 干燥器

干燥器的作用是吸收 CO_2 气体中的水分，防止产生气孔。接在减压器前面的为高压干燥器（往往和预热器做成一体），接在减压器后面的为低压干燥器。干燥器内装有硅胶或脱水硫酸铜、无水氧化钙等干燥剂。

图1-19 CO₂气体调节器

5. 流量计

流量计的作用是测量和调节 CO_2 气体的流量，常用转子流量计。

6. 电磁气阀

电磁气阀是用电信号控制气流通断的装置。

随着科技的不断进步，设备厂商将供气系统的相关器件进行优化整合，研发出集减压器、预热器、干燥器、流量计及电磁气阀于一体的 CO_2 气体调节器，如图1-19所示。由于 CO_2 气体调节器结构简单，体积轻巧，使用方便，目前被绝大多数 CO_2 焊设备所采用。

第二节 CO₂焊设备的安装与使用

一、CO₂焊设备的安装条件

1. 安装场地及要求

1）焊机应安装在离墙和其他焊机等设备至少0.3m以外的地方，使焊机使用时能确保通风良好；焊机不应安装在日光直射处、潮湿处和灰尘多处。

2）施焊工作场地的风速应小于2.0m/s，超过该风速时应采取防风措施。焊接时为防止弧光伤人，应选择适当场所或在施焊场地周围加屏蔽板遮光。

3）供电网路应能提供 CO_2 焊设备所要求的输入电压（220V或380V）、相数（单相或三相）和电源频率（50Hz）。供电网路应有足够多的容量，以保证焊接时电压稳定。目前， CO_2 焊设备允许网路电压的波动范围在-10%~5%之间。

4）搬运 CO_2 气瓶时，应当盖上瓶盖和使用专用搬运车。 CO_2 气瓶安装时应当正置和可靠固定，必须存放在温度低于40℃的地方。

5）焊机机壳的接地必须良好。

2. 使用环境条件

1）海拔不超过1000m。

2）环境温度5~40℃。

3）相对湿度不超过90%（25℃）。

4）使用场所无严重影响产品的气体、蒸汽、化学性沉积、霉菌及其他爆炸性、腐蚀性介质。

5）使用场所无剧烈振动和颠簸。

3. 供电电源

1）按安全规程接好地线。

2）连接三相 380V 的电源线时，不需要定向位。

供电电源参数见表 1-5。

表 1-5　供电电源参数

电压/V	380
相数	3
容量/kV·A	≥20
熔丝容量/A	30
电源电缆截面积/mm²	10（铜芯）

4. CO₂焊设备的安装

1）CO₂焊焊机安装前应注意以下几点。

①电源电压、开关、熔丝容量必须符合焊机铭牌上的要求。不可将额定输入电压为 220V 的设备接在 380V 的电源上。

②每台设备必须使用具有专用的断路器供电，设备与墙距离应该大于 0.3m，并保证通风良好。

③设备导电外壳必须接地，地线截面积必须大于 12mm²。

④需要水冷却的焊接电源或焊枪，在安装处必须有充足可靠的冷却水。为保证设备的安全，最好在水路中串联水压继电器，无水时可自动断电，以免烧毁焊接电源及焊枪。使用循环水箱的焊机，冬天应注意冷却水的冻凝。

⑤根据焊接电流的大小，正确选择电缆软线的截面积。

2）CO₂焊焊机安装前必须认真阅读需安装设备的使用说明书，了解本台设备基本安装、使用要求后方可按下述步骤进行安装。

①确认主电源的电压、主控制开关和熔丝的容量。这些要求必须与设备铭牌上标明的额定输入参数完全一致。

②焊接电源的导电外壳用截面积大于 12mm² 的导线可靠接地，另一端与电源的导电外壳用螺钉牢固连接。

③用带有 CO₂焊焊机卡口的专用电缆将焊接电源输出端的负极与变位器或工件连接，将焊接电源输出端的正极与送丝机构连接，如图 1-20 所示。电缆正负极与电源输出端和输入端必须连接牢固，否则在焊接过程中会产生虚连或打火现象，可能影响焊接效果或造成焊机的损坏。CO₂焊通常都采用直流反接，这样可获得较大的熔深和生

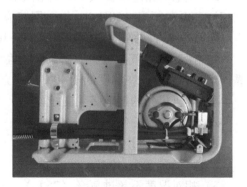

图 1-20　焊接电源与送丝机构的连接

产效率。如果用于堆焊，为减小堆焊层的稀释率，最好采用直流正接，电缆正负极的接法与上述要求相反。

④将送丝机构控制线与送丝机构各接线口准确连接，将另一端控制线插头插入焊接电源控制线插口，旋紧到位，以便在焊接过程中调整焊接参数。

⑤将流量计至焊接电源及焊接电源至送丝机构处的送气胶管连接好并扎紧。如机型为特殊型号，流量计需直接连接送丝机构处，可将流量计与送丝机直接用送气胶管连接并扎紧。

⑥将减压调压器上预热器的电缆插头插至焊机背面插座上并拧紧，接通预热器电源，如图 1-21 所示。

⑦将焊枪导管电缆接头与送丝机构焊枪电缆螺柱连接并紧固，如图 1-22 所示。

图 1-21　预热器与焊机的连接　　　　　　　图 1-22　电缆的连接

⑧将焊枪气管接口连接到送丝机构气体出口处，并旋紧到位。

⑨将焊枪控制电缆插入送丝机构焊枪控制插座，并旋紧到位。

⑩将焊接电源背面的电源接口与供电电缆正确连接到位，必须将电源保护罩牢固安装，电源接头不得露在保护罩外。若焊机长时间固定作业，焊机至开关间的电缆按要求应从埋在地下的钢管中穿过；若焊机需移动，最好采用截面合适和绝缘良好的四芯橡套电缆。

二、CO₂焊设备的使用调试

以 YM-500S 型焊机为例进行说明。YM-500S 型焊机的结构组成如图 1-23 所示，主要包括焊接电源，送丝机构、焊枪、遥控盒和 CO₂气体减压调节器。

1. 安装焊丝

打开焊丝包装，将整盘焊丝装入送丝机构的固定轴上，焊丝的出丝方向应从焊丝盘下部出丝进入送丝轮，将轴端的丝盘挡锁锁紧。再按图 1-24 所示顺序手工将焊丝安装进送丝机构。手动将焊丝穿过校直轮送入焊枪电缆的弹簧软管内，待焊丝进入弹簧软管一定长度后，将焊丝对准送丝机构上送丝轮的丝槽，将压力臂放下并抬起压紧螺钉将压力臂锁紧，视焊丝直径大小调整压紧螺钉压力。调节遥控盒上的焊接电流旋钮，可调节送

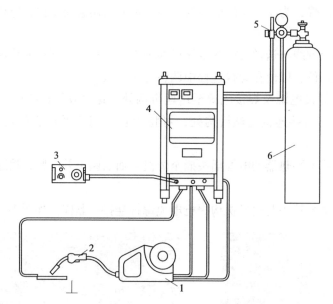

图 1-23　YM-500S 型焊机的结构组成

1—送丝机构　2—焊枪　3—遥控盒　4—电源　5—CO₂ 气体调节器　6—气瓶

丝速度的快慢。当焊枪导电嘴处焊丝伸出 10~15mm 时，松开送丝按钮停止送丝，焊丝安装完毕。

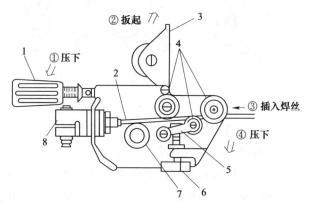

图 1-24　焊丝的安装步骤

1—压紧螺钉　2—焊丝　3—压力臂　4—校直轮　5—活动校直臂

6—校正调整螺钉　7—送丝机构　8—焊枪电缆插座

2. 安装气体调节器并调整流量

缓慢开闭 CO₂ 气瓶阀门 1~2 次，检查气瓶是否有气体，同时也可吹净瓶口上的污物。安装气体调节器至气瓶上，并顺时针方向拧紧固定螺母。将流量计调节旋钮朝关闭方向旋紧，然后打开 CO₂ 气瓶阀门（反之则会造成流量计损坏）。将主机面板上的气体控制开关扳到 "检查" 位置，将流量计调节旋钮慢慢向 "OPEN" 方向旋转，直到流量计上的指示读数满足焊接要求的气体流量值为止；此时，则有气体由焊枪端部喷嘴处喷出。检查、调节气体完成后，将主机面板上的气体控制开关扳到"焊接"位置，此时气阀关闭，气路处于准备状态，流量计指示归零。

3. 控制开关的调整

该焊机可采用直径为 1.2mm 和 1.6mm 的焊丝，纯 CO_2 气体或氩气与 CO_2 混合气体进行焊接。焊接前需要预先调整好各种开关的位置，调整方法如图 1-25 所示。这些开关必须在焊前调整好，焊接过程开始后一般不再进行调整。

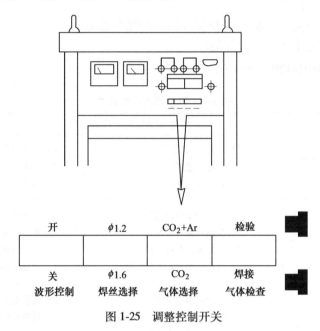

开	$\phi1.2$	CO₂+Ar	检验
关	$\phi1.6$	CO₂	焊接
波形控制	焊丝选择	气体选择	气体检查

图 1-25 调整控制开关

4. 选择焊机的收弧方式

此型号焊机有两种收弧方式，可用"收弧"控制开关选择。

1）当收弧控制开关扳到"有"位置时，只要按一下焊枪控制开关，焊接电弧即产生；引弧后松开焊枪控制开关，切换为正常焊接条件的焊接电弧，焊接过程自动进行，操作人员不必始终按住焊枪开关；再次按下焊枪控制开关，焊接电流电压开始降低，逐渐过渡到预先设定好的收弧电压和电流参数；松开后焊接电弧熄灭，焊接过程停止。此种收弧方式操作时较轻松，适合连续焊接，但不适合点焊操作。

2）当收弧控制开关扳到"无"位置时，焊接过程中操作人员必须一直按住焊枪控制开关，松开后焊接过程立即停止。此种方式收弧功能不开启，适合点焊操作。

5. 调整焊接参数

1）将遥控盒上的电压微调旋钮调至零处，电流调整旋钮旋至预先选定的焊接电流刻度处。电流有两圈刻度，内圈用于直径为 1.2mm 的焊丝，外圈用于直径为 1.6mm 的焊丝。

2）若选用有收弧的焊接方式，则可通过主机面板上的收弧电流调整旋钮和收弧电压调整旋钮，分别调节收弧电流和收弧电压。

3）调整完毕后引燃电弧，并观察主机电流表和电压表的输出读数与预先所选参数是否相符。若有误差，则调整输出电流、电压旋钮，直至主机显示的输出读数与预先所选参数相符为止。

6. 关闭焊机

焊接操作结束时，应按下列顺序关闭焊机。

1）关闭气瓶总开关。

2）将气体保护开关拨到检查位置，流量计压力表指针回到"0"位置，调节流量计的流量旋钮，向左旋到关闭位置。

3）关闭焊机的电源开关。

4）将气体保护开关由"检查"位置扳回"焊接"位置。

5）断开在开关箱中的总电源开关。

三、CO$_2$ 焊设备的维护（表1-6）

表1-6　CO$_2$ 焊设备的维护

故障现象	产生原因	维修方法
按下焊枪开关没有焊接电压、不送丝	1）焊枪开关损坏 2）焊枪电缆断 3）供电电源断相	1）更换焊枪开关 2）接通控制电缆 3）测量电压，换熔丝
焊接电流失调	1）电流调节电位器坏 2）控制电路板有故障 3）遥控盒控制电缆断 4）遥控盒电缆插头接触不良	1）更换电位器 2）更换电路板 3）接通控制电缆断线 4）旋紧插头
电弧电压失调	1）电压调节电位器坏 2）控制电路板触发线路板故障 3）遥控盒控制电缆断 4）遥控盒电缆插头接触不良	1）更换电位器 2）更换电路板 3）接通控制电缆 4）旋紧插头
无保护气体	1）气路胶管断开 2）气管被压或堵塞 3）电磁气阀坏	1）接通气路并扎牢 2）检查气路并排除 3）更换电磁气阀
送丝不畅	1）送丝管堵塞 2）送丝机构压把调节不适当	1）清洗送丝管 2）调节压把到合适位置
焊机在自锁状态下工作不自锁	自锁控制板故障	更换自锁控制板
电弧电压正常，送丝正常，但不引弧	1）接地线断路 2）焊件油污过多	1）接通地线 2）清除油污
电弧不稳且飞溅大	1）焊接参数选择不当 2）主电路晶闸管坏 3）导电嘴磨损严重 4）焊丝伸出过长	1）调整到合适的焊接参数 2）更换晶闸管 3）更换导电嘴 4）调整焊丝伸出长度至适当长度

四、CO$_2$ 焊设备操作规程

1）操作者必须持焊接操作证上岗。

2）打开主电源配电箱开关后，方可打开焊接设备主机电源，开电源顺序不可颠倒。

3）CO₂气瓶使用前应固定在一个稳定的防倾倒刚性支架上，防止气瓶倾倒造成事故。

4）安装焊丝前，要确认送丝轮的丝槽尺寸是否与使用的焊丝直径吻合。

5）焊接完毕离开场地前，应及时关闭焊机电源及总电源开关。

6）收回电缆，及时清理现场。

7）定期清理焊机上的尘土，用压缩空气吹除机芯的积尘，一般一周需清理一次。

第二章 CO_2 焊焊接材料

学习目标：通过学习本章内容，使学生了解 CO_2 气体的性质，熟悉 CO_2 焊用焊丝的种类、特点及选用、保管等内容，能够在实际操作中正确选择 CO_2 焊焊接材料。

第一节 气 体

一、CO_2 气体

1. CO_2 气体的性质

纯 CO_2 是无色无味的气体，相对分子质量为 44.009，密度为 $1.977kg/m^3$，比空气重（空气的密度为 $1.29kg/m^3$）。CO_2 有三种状态：固态、液态和气态。不加压力冷却时，CO_2 可直接由气体变成固体，即干冰。当温度升高时，干冰升华直接变成气体。因空气中的水分不可避免地会凝结在干冰上，使干冰升华时产生的 CO_2 气体中含有大量的水分，所以固态的 CO_2 不能直接用于焊接。

常温下，CO_2 加压至 5~7MPa 时变成液体，当温度低于-11℃ 时，CO_2 的密度比水大；当温度高于-11℃ 时，其密度比水小。CO_2 的沸点为-78℃，当温度高于其沸点时，CO_2 由液态转化为气态。在 0℃、0.1MPa 大气压时，1kg 的液态 CO_2 可产生 509L 的 CO_2 气体。

2. CO_2 气体纯度对焊缝质量的影响

CO_2 气体的纯度对焊缝金属的致密性和塑性有很大的影响。CO_2 气体主要是制氧厂、酿造厂、化工厂的副产品，气体中的主要杂质是水分和氮气。氮气一般含量较少，危害较小；水分危害较大，随着 CO_2 气体中水分的增加，焊缝金属中的扩散氢含量也增加，焊缝金属的塑性变差，容易出现气孔，还可能产生冷裂纹。

根据 GB/T 6052—2011 规定，焊接用 CO_2 气体须达到表 2-1 中的有关规定。

表 2-1 焊接用 CO_2 气体的技术要求

项 目	指 标	
CO_2 含量（体积分数）≥	99.5%	99.9%
油分	定量滤纸检测无油迹	
游离水	—	
水分露点/℃	-60	-65
气味	无异味	

3. 瓶装 CO_2

工业上使用的瓶装 CO_2 既经济又方便。容量为 40L 的标准钢瓶，可灌入 25kg 液态的 CO_2，约占钢瓶容积的 80%，其余 20% 的空间充满了 CO_2 气体，气瓶压力表上指示的就是这部分气体的饱和压力，它的值与环境温度有关。温度高时，饱和气压增加；温度降低时，饱和气压降低。CO_2 气体饱和压力与环境温度的关系见表 2-2。因此，严禁 CO_2 气瓶靠近热源或在烈日下曝晒，以免发生爆炸事故。当气瓶内的液态 CO_2 全部挥发成气体后，气瓶内的压力才逐渐下降。

表 2-2　CO_2 气体饱和压力与环境温度的关系

温度/℃	压力/MPa	比体积		比热容/[4.18J/(kg·K)]	
		液体	蒸气		
-50	0.67	0.867	55.4	75.01	155.57
-40	1.00	0.897	38.0	79.59	156.17
-30	1.42	0.931	27.0	84.19	156.56
-20	1.96	0.971	19.5	88.93	156.72
-10	2.58	1.02	14.2	94.09	156.6
0	3.48	1.08	10.4	100	156.13
10	4.40	1.17	7.52	106.5	154.59
20	5.72	1.30	5.29	114	151.1
30	0.72	1.63	3.00	125.9	140.95
40	0.73	2.16	2.16	133.5	133.5

液态 CO_2 中可溶解约 0.05%（质量分数）的水，多余的水沉在瓶底，这些水和液态 CO_2 一起挥发后，将混入 CO_2 气体中一起进入焊接区。溶解在液态 CO_2 气体中的水也可蒸发成水蒸气混入 CO_2 气体中，影响气体的纯度。水蒸气的蒸发量与气瓶中气体的压力有关，气瓶内压力越低，水蒸气含量越高。

4. CO_2 气体的提纯

国内以前焊接使用的 CO_2 气体主要是酿造厂、化工厂的副产品，含水分较高，纯度不稳定，为保证焊接质量，应对这种瓶装气体进行提纯处理，以减少其中的水分和空气。

焊接时采取以下措施可有效地降低 CO_2 气体中水分的含量。

1）将新灌气瓶倒置 1~2h 后，打开阀门，可排除沉积在下面的液态的水。根据瓶中含水量的不同，每隔 30min 左右放一次水，需放水 2~3 次。确认含水量明显减少后，将气瓶放正，开始焊接。CO_2 气体放水如图 2-1 所示。

2）更换新气时，先放气 2~3min，以排除装瓶时混入的空气和水分。

3）必要时可在气路中设置高压干燥器或低压干燥器。用硅胶或脱水硫酸铜做干燥剂，用过的干燥剂经烘干后可反复使用。

4）气瓶中压力降到 1MPa 时，停止用气。当气瓶中液态 CO_2 用完后，气体的压力将随着气体的消耗而

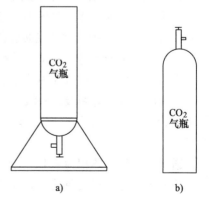

图 2-1　CO_2 气体放水示意图

a）放水时　b）放水后

下降。当气瓶压力降到1MPa以下时，CO_2中所含水分将增加1倍以上，如果继续使用，焊缝中将产生气孔。焊接对氢比较敏感的金属时，当瓶中气压降至 1.5MPa 就不宜再继续使用。

二、混合气体

在 CO_2 气体保护下进行半自动、自动焊接时，存在焊缝外观不良、飞溅大等问题。为了改善焊缝外观，减少飞溅等，可采用混合气体焊接。

1. 混合气体的优越性

1）飞溅极少，清理焊渣工序可省略。

2）焊道外形美观。

3）容易实现薄板的对接焊。

4）具有优良的焊缝缺口冲击韧性。

2. 混合气体种类

目前，和 CO_2 气体混合使用的气体主要有氩气（Ar）和氧气（O_2）。

（1）氩气　氩气是无色无味的惰性气体，比空气重，其密度为 1.784kg/m³。氩气为单原子气体，相对原子质量大，热导率小，且电离电势低。瓶装的氩气在20℃环境下最高充气压力为15MPa，返还生产厂充气时瓶内余压应不低于 0.2MPa。气瓶瓶体为灰色，用绿漆标注"氩气"字样。焊接用氩气应符合焊接要求和质量的规定，其中纯氩的品质要求应符合表 2-3 的规定。

表 2-3　纯氩的品质要求

项　　目	指标	项　　目	指标
氩纯度（体积分数）≥	99.99%	氮含量（体积分数）≤	0.005%
氢含量（体积分数）≤	0.0005%	总碳含量（以甲烷计，体积分数）≤	0.001%
氧含量（体积分数）≤	0.001%	水分含量（质量分数）≤	0.0015%

（2）氧气　氧是自然界中最重要的元素，在空气中其体积分数约占21%。在常温下它是一种无色无味的气体。在标准状态下密度为 1.43kg/m³，比空气重。在-182.96℃时变成浅蓝色液体，在-219℃时变成淡蓝色固体。

氧气本身不会燃烧，它是一种活泼的助燃气体。氧的化学性质极为活泼，能同很多元素化合生成氧化物，焊接过程中使合金元素氧化，起有害作用。

工业用氧气分为两级：一级氧气的纯度不低于99.2%（体积分数），二级氧气的纯度不低于98.5%（体积分数）。对于焊接质量要求较高时，混合气体保护焊应采用一级纯度的氧气。

通常瓶装氧气体积为40L，工作压力为15MPa，瓶体为天蓝色，用黑漆标注"氧气"字样。钢瓶放置应远离火源及高温区（放在10m以外的地方），不能曝晒，严禁与油脂类物品接触。

3. 混合气的配比

焊接保护混合气体的配比见表2-4。

表 2-4 焊接保护混合气体的配比

主 要 气 体	混 入 气 体	混合范围（体积分数,%）	允许气压/MPa（35℃）
Ar	O_2	1~12	9.8
	H_2	1~15	
	N_2	0.2~1	
	CO_2	18~22	
	He	50	
He	Ar	25	
Ar	CO_2	5~13	
	O_2	3~6	
CO_2	O_2	1~20	
Ar	O_2	3~4	
	N_2	$(900~1000) \times 10^{-6}$	

4. 混合气体的应用

常用的混合气体有 $Ar+CO_2$ 和 $Ar+CO_2+O_2$。

（1）$Ar+CO_2$ 混合气　用于低碳钢、低合金钢的焊接，它具有氩弧焊的优点，且由于保护气体具有氧化性，克服了单纯 Ar 保护时产生的阴极漂移现象以及焊接成形不良的问题。CO_2 的比例一般在20%~30%（体积分数），适合于喷射、短路及脉冲过渡形式，但短路过渡进行垂直和仰焊时，往往提高 CO_2 比例到50%（体积分数），以利于控制熔池。混合气体比纯 CO_2 的成本高，但获得的焊缝的冲击韧性高、工艺效果好、飞溅小，所以普遍用于低碳钢、低合金钢重要工件的焊接。

（2）$Ar+CO_2+O_2$ 混合气　对改善焊缝断面形状更有好处。实践证明，混合气体比例为 $80\%Ar+15\%CO_2+5\%O_2$ 时（体积分数），焊接低碳钢、低合金钢得到最佳结果，焊缝成形、接头质量、金属熔滴过渡和电弧稳定性方面均效果较好。使用三种不同的气体获得的焊缝断面形状如图 2-2 所示，由图可以看出，$Ar+CO_2$

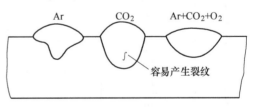

图 2-2 使用三种不同的气体获得的焊缝断面形状

$+O_2$ 混合气较用其他气体获得的焊接形状都要理想。

第二节 焊 丝

一、焊丝的分类

1. 实心焊丝

实心焊丝是热轧线材经拉拔加工而制成的。为了防止焊丝生锈，除不锈钢焊丝和非铁金属焊丝外，都要进行表面处理，目前主要是镀铜处理，包括电镀、浸铜及化学镀等方法。常用的镀铜工艺方法有两种。

（1）化学镀工艺　粗拉放线→粗拉预处理→粗拉→退火→细拉放线→细拉预处理→细拉→化学镀→精绕→包装。

（2）电镀工艺　粗拉放线→粗拉预处理→粗拉→退火→镀铜放线→镀铜预处理→细拉→有氰电镀或无氰电镀→精绕→包装。

CO_2 是一种氧化性气体，在电弧高温区分解为一氧化碳和氧气，具有强烈的氧化作用，使合金元素烧损，容易产生气孔及飞溅。为了防止产生气孔，减小飞溅和保证焊缝具有良好的力学性能，要求焊丝中含有足够的合金元素。若用碳脱氧，将产生气孔及飞溅，故限制焊丝中 $w(C)<0.1\%$。若仅用硅脱氧，将产生高熔点的 SiO_2，熔渣不易浮出熔池，容易引起夹渣；若仅用锰脱氧，生成的氧化锰密度大，熔渣不易浮出熔池，也容易引起夹渣；若用硅和锰联合脱氧，并保持适当的比例，则硅和锰的氧化物形成硅酸锰盐，它的密度小、黏度小，容易从熔池中浮出，不易产生夹渣。因此，CO_2 焊用焊丝都含有较高的硅和锰。

2. 药芯焊丝

药芯焊丝是继焊条、实心焊丝之后广泛应用的又一类焊接材料，它是由金属外皮和芯部药粉两部分构成的。使用药芯焊丝作为填充金属的各种电弧焊方法统称为药芯焊丝电弧焊。

焊条、实心焊丝、药芯焊丝三大类焊接材料中，焊条年消耗量呈逐年下降趋势，实心焊丝年消耗量进入平稳发展阶段，而药芯焊丝无论是在品种、规格还是在用量等方面仍具有很大的发展空间。

常用药芯焊丝的牌号和性能见表2-5。

表 2-5　常用药芯焊丝的牌号和性能

	焊丝牌号		YJ502	YJ507	YJ507CuCr	YJ607	YJ707
焊缝金属的化学成分（质量分数，%）	C		≤0.10	≤0.10	≤0.12	≤0.12	≤0.15
	Mn		≤0.12	≤0.12	0.5~1.2	1.25~1.75	≤1.5
	Si		≤0.5	≤0.5	≤0.6	≤0.6	≤0.6
	Cr		—	—	0.25~0.60	—	—
	Cu		—	—	0.2~0.5	—	—
	Mo		—	—	—	0.25~0.45	≤0.3
	Ni		—	—	—	—	≤1.0
	S		≤0.03				
	P						
焊缝力学性能	R_m/MPa		≥490	≥490	≥490	≥590	≥690
	R_{eL}/MPa		—	—	≥343	≥530	≥590
	A（%）		≥22	≥22	≥20	≥15	≥15
	A_K/J		≥28（-20℃）	≥28（-20℃）	≥47（0℃）	≥27（-40℃）	≥27（-30℃）
推荐焊接参数	焊接电流 I/A	φ1.6mm	180~350	180~400	110~350	180~320	200~320
		φ2.0mm	200~400	200~450	220~370	250~400	250~400
	电弧电压 U/V	φ1.6mm	23~30	25~35	22.5~32	28~32	25~32
		φ2.0mm	25~32	25~32	27~32	28~35	28~35
	CO₂ 流量/（L/min）		15~25	15~20	15~25	15~20	15~20

药芯焊丝的分类方法如下：

（1）按药芯焊丝横截面形状分类　药芯焊丝的横截面形状可分为简单 O 形截面和复杂截面两大类，如图 2-3 所示。

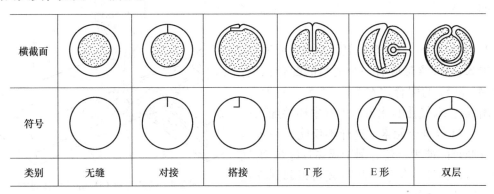

横截面						
符号						
类别	无缝	对接	搭接	T 形	E 形	双层

图 2-3　药芯焊丝横截面形状示意图

1）O 形截面的药芯焊丝分为有缝和无缝药芯焊丝。有缝 O 形截面药芯焊丝又有对接 O 形和搭接 O 形之分。药芯焊丝直径在 2.0mm 以下的细丝多采用简单 O 形截面，且以有缝 O 形为主。此类焊丝截面形状简单，易于加工，生产成本低，因而具有价格优势。无缝药芯焊丝制造工艺复杂，设备投入大，生产成本高；但无缝药芯焊丝成品丝可进行镀铜处理，焊丝保管过程中的防潮性能以及焊接过程中的导电性均优于有缝药芯焊丝。细直径的药芯焊丝主要用于结构件的焊接。

2）复杂截面形状主要有 T 形、E 形、梅花形和双层形等截面形状。复杂截面形状主要应用于直径在 2.0mm 以上的粗丝。采用复杂截面形状的药芯焊丝，因金属外皮进入到焊丝心部，一方面对于改善熔滴过渡、减少飞溅、提高电弧稳定性有利；另一方面焊丝的挺度较 O 形截面药芯焊丝好，在送丝轮压力作用下焊丝截面形状的变化较 O 形截面小，对于提高焊接过程中送丝稳定性有利。复杂截面形状在提高药芯焊丝焊接过程稳定性方面的优势以粗直径的药芯焊丝尤为突出。随着药芯焊丝直径减小，焊接过程中电流密度的增加，药芯焊丝截面形状对焊接过程稳定性的影响将减小。焊丝越细，截面形状在影响焊接过程稳定性诸多因素中所占比重越小。粗直径药芯焊丝全位置焊接适应性较差，多用于平焊、平角焊，直径 $\phi 3.0mm$ 以上的粗丝主要应用于堆焊。

（2）按保护气体的种类分类　气体保护焊用药芯焊丝根据保护气体的种类可细分为 CO_2 焊用药芯焊丝、熔化极惰性气体保护焊用药芯焊丝、混合气体保护焊用药芯焊丝及钨极氩弧焊用药芯焊丝。其中 CO_2 焊药芯焊丝主要用于结构件的焊接，其用量大大超过其他种类气体保护焊用药芯焊丝。由于不同种类的保护气体在焊接冶金反应过程中的表现行为是不同的，因此药芯焊丝在药芯中所采用的冶金处理方式及程度也不是相同的。所以，尽管被焊金属相同，不同种类气体保护焊用药芯焊丝原则上讲是不能相互代用的。药芯焊丝 CO_2 焊的焊接过程如图 2-4 所示。

二、焊丝的质量要求

CO_2 焊用焊丝的制造质量，应从焊丝内在质量和外在质量两方面满足焊接的质量要求。

1. 焊丝的内在质量

1）CO$_2$焊过程中，C 容易被氧化生成 CO 气体，这是造成焊缝出现 CO 气孔和产生焊接飞溅的重要原因。所以，焊丝中 C 的含量不宜太高。

2）焊丝中 Si、Mn 等脱氧元素含量要适当，焊丝中 Si、Mn 含量应有一个适当的配合比例，通常 Mn 和 Si 的配合比在 2.0~4.5 之间为宜。为了增强抗 N$_2$气孔的能力，焊丝中还要加入适当的 Ti、Al 等合金元素，这样不仅能进一步提高焊缝脱氧的能力，还有利于提高焊缝抗 N$_2$气孔的能力。此外，合金元素 Ti 还可以起到细化焊缝金属晶粒的作用。

3）为确保不同的母材焊接接头的强度要求，焊接不同母材所用的焊丝中，合金元素含量要适当。

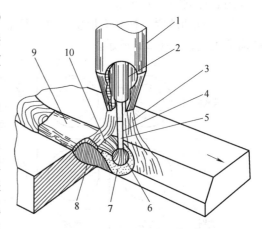

图 2-4 药芯焊丝 CO$_2$焊的焊接过程

1—气嘴 2—导丝、导电管 3—保护气体
4—药芯焊丝 5—药芯 6—电弧及过渡金属
7—熔池 8—凝固焊缝金属 9—焊渣 10—熔渣

2. 焊丝的外在质量

（1）表面要求 CO$_2$焊丝表面通常是镀铜的，主要是为了防止焊丝在运输、储存过程中生锈以及改善焊接过程中的导电性和送丝阻力。

1）焊丝表面的镀铜层必须均匀牢固。焊丝镀铜层太薄或不牢固，对焊接质量有很大影响。如果镀铜层不牢固，送焊丝时，焊丝表面和送丝（弹簧钢丝）软管摩擦，镀铜层会被刮下来并堆积在送丝软管里面，不仅增加送丝的阻力，还会使焊接过程中电弧不稳定，影响焊缝成形。此外，若镀铜层太薄或不牢固，在存放过程中焊丝表面容易生锈，也会影响焊接质量。

2）焊丝表面要清洁，无油、污、锈、垢等。焊丝表面要求光滑平整，不应有毛刺、划痕和氧化皮。

（2）焊丝的直径偏差 焊丝直径的允许偏差必须符合表 2-6 的要求。若焊丝直径太大，不仅会增加送焊丝的阻力，还会增大焊丝嘴的磨损；若焊丝直径太小，不仅会使焊接电流不稳定，还会增大焊丝端部的摆动，影响焊缝的美观。

表 2-6 焊丝的直径偏差 （单位：mm）

焊丝直径	允许偏差	焊丝直径	允许偏差	焊丝直径	允许偏差
0.5, 0.6	+0.01 −0.03	0.8, 1.0, 1.2, 1.4, 1.6, 2.0, 2.5	+0.01 −0.04	3.0, 3.2	+0.01 −0.07

（3）焊丝的挺度和抗拉强度 焊丝的挺度和抗拉强度必须保证焊接过程中能均匀、连续送进焊丝。实心焊丝的抗拉强度应符合表 2-7 的规定。

表 2-7 实心焊丝的抗拉强度

焊丝直径/mm	焊丝抗拉强度/MPa	焊丝直径/mm	焊丝抗拉强度/MPa	焊丝直径/mm	焊丝抗拉强度/MPa
0.8, 1.0, 1.2	≥930	1.4, 1.6, 2.0	≥860	2.5, 3.0, 3.2	≥550

（4）松弛直径和翘距　从焊丝盘（卷）上截取足够长度的焊丝，不受拘束地放在平面上，所形成的圆或圆弧的直径称为焊丝的松弛直径。焊丝翘起的最高点和平面之间的距离称为翘距。可用焊丝的松弛直径和翘距定性地判断焊丝弹性和刚度，松弛直径和翘距大的焊丝刚度好，送丝比较稳定；松弛直径和翘距小的焊丝刚度差，送丝时容易卡丝。实心焊丝的松弛直径和翘距的关系必须符合表 2-8 的规定。

表 2-8　实心焊丝的松弛直径、翘距　　　　　　（单位：mm）

焊丝直径	焊丝盘（卷）外径	松弛直径	翘距
0.5~3.2	100	≥100	≤松弛直径/5
	200	≥250	≤松弛直径/10
	300	≥350	
	≥350	≥400	

（5）缠绕要求　焊丝应缠绕规整，成盘包装，以便在焊接的时候使用。同时，焊丝在缠绕过程中，不允许焊丝有硬折弯或打结的情况出现，否则会影响焊接过程中焊丝的等速送进，降低焊缝质量。

三、焊丝的型号与牌号

对于一种焊丝，通常可以用型号和牌号来反映其主要性能特征及类别。焊丝型号是以国家标准（或相应组织制定的标准）为依据，反映焊丝主要特性的一种表示方法。型号包括以下含义：焊丝的类别，焊丝特点（如焊丝熔敷金属抗拉强度、化学成分、保护气体种类、熔敷金属扩散氢含量、熔滴过渡类型等），焊接位置及焊接电源等。例如药芯焊丝型号 E501T-1，表示药芯焊丝熔敷金属抗拉强度大于 480MPa，适于全位置焊接，外加保护气体，直流电源，焊丝接正极，用于单道焊和多道焊。不同类型焊丝的型号，表示的方法也有所不同。

焊丝牌号是焊丝产品的具体命名，它可以由生产厂制订，还可由行业组织统一命名，制订全国焊材行业统一牌号。但必须要按照国家标准要求，在产品样本或包装标签上注明该产品是"符合国标""相当国标"或不加标准（即与国标不符），以便用户结合产品性能要求，对照标准去选用。每种焊丝产品只有一个牌号，但多种牌号的焊丝可以同时对应一种型号。

焊丝牌号：

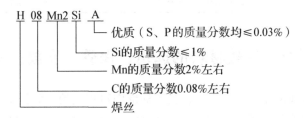

根据 GB/T 8110—2008《气体保护电弧焊用碳钢、低合金钢焊丝》的规定，焊丝的型号是按照强度级别和成分类型命名的。

焊丝型号：

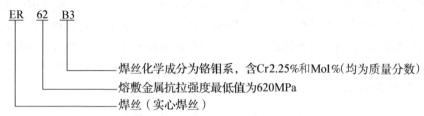

焊丝化学成分为铬钼系，含Cr2.25%和Mo1%（均为质量分数）

熔敷金属抗拉强度最低值为620MPa

焊丝（实心焊丝）

常用焊丝的牌号及化学成分见表2-9。

表2-9 常用焊丝的牌号及化学成分

钢种	牌号	化学成分（质量分数，%）								
		C	Mn	Si	Cr	Ni	Mo	其他	S≤	P≤
碳素结构钢	H08A	≤0.1	0.3~0.55	≤0.03	≤0.20 H08C为 0.10	≤0.30 H08C为 0.10	—	—	0.03	0.03
	H08E								0.02	0.02
	H08C								0.015	0.015
	H08Mn		0.8~1.1	≤0.07					0.04	0.04
	H08MnA								0.03	0.03
	H15	0.11~0.18	0.35~0.65	≤0.03					0.03	0.03
	H15Mn		0.8~1.1						0.035	0.035
合金结构钢	H10Mn2	≤0.12	1.5~1.9	≤0.07	≤0.20	≤0.3	—	Cu≤0.20	0.035	0.035
	H08MnSi	≤0.11	1.2~1.5	0.04~0.7					0.035	0.035
	H08Mn2Si		1.7~2.1	0.65~0.95					0.035	0.035
	H08Mn2SiA		1.8~2.1	0.65~0.95					0.03	0.03
	H10MnSi	≤0.14	0.8~1.1	0.6~0.9					0.035	0.035
	H11MnSi	0.07~0.15	1.0~1.5	0.65~0.95		≤0.15	≤0.15	V≤0.05	0.025	0.035
	H11Mn2SiA		1.4~1.85	0.85~1.15		≤0.15	≤0.15			0.025
	H10MnSiMo	≤0.14	0.9~1.2	0.7~1.1			0.15~0.25	Cu≤0.20	0.03	0.035
	H10MnSiMoTiA	0.08~0.12	1.0~1.3	0.4~0.7		≤0.30	0.2~0.4	Ti0.05~0.15	0.025	
	H08MnMoA	≤0.1	1.2~1.6	≤0.25			0.3~0.5			
	H08Mn2MoA	0.06~1.11	1.6~1.9	≤0.25			0.5~0.7			

第三节 焊接材料的选用、保管、发放和使用

为了加强质量管理及确保焊接质量，国家标准中对焊丝的包装提出了明确的要求。要求每包焊丝包装上应标明焊丝型号、标准号、规格、批号、检验号、净质量、制造厂名、厂址、生产日期等。

对于直长形焊丝，一般切断长度为1000mm，国外焊丝切断长度有的是36in，折合914mm。每5kg或10kg为一包，用纸筒或塑料桶包装。有的焊丝上采用印字或用冲模直接冲出焊丝的牌号，以防使用中发生混乱、用错等问题。

对于盘装气体保护焊用焊丝，其包装方式有用塑料盘、带内撑焊丝卷或金属丝架等多种形式。外面再用防潮包装纸、塑料膜或铝膜等密封包装，以防潮气进入而导致焊丝生锈，如图 2-5 所示。同时，考虑到施工方式及送丝机构的不同，每盘焊丝的质量也有所不同，一般为 10kg、15kg 或 20kg，最小的为 1kg 盘装。

图 2-5 CO₂ 焊用焊丝的包装

一、焊丝的选用

正确地选择焊丝，拟定合理的焊接工艺，才能保证焊接接头不产生裂纹、气孔、夹渣等缺陷，才能满足结构的接头力学性能和其他特殊性能的要求，从而保证焊接产品的质量。

在金属结构的焊接中，选用焊丝应注意以下几条原则。

1. 考虑母材的力学性能和化学成分

焊接结构通常采用一般强度的结构钢和高强度结构钢，相当于普通碳钢和普通低合金钢来制造。焊接时，应根据设计要求，按结构钢的强度等级来选用焊丝。值得注意的是，钢材一般按屈服强度等级来分级，而焊丝是按抗拉强度等级来分级的。因此，应根据钢材的抗拉强度等级来选择相应强度或稍高强度的焊丝，但焊丝的抗拉强度太高，会使焊缝强度过高而对接头有害。同时，还应考虑熔敷金属的塑性和韧性不低于母材。当要求熔敷金属要具有良好的塑性和韧性时，一般可选择强度低一级的焊丝。

对合金结构钢来说，一般不要求焊缝与母材成分相近，只有焊接耐热钢、耐蚀钢时，为了保证焊接接头的特殊性能，则要求熔敷金属的主要合金元素与母材相同或相近。当母材中碳、硫、磷等元素含量较高时，应选择抗裂性好的低氢型焊丝。

2. 考虑焊接结构的受力情况

对于受力构件，或工作条件要求较高的部位和结构，都要求具有较高的塑性、韧性和抗裂性能。

3. 考虑结构的工作条件和使用性能

根据焊件的工作条件，包括载荷、介质和温度等，选择相应的能满足使用要求的焊丝。如高温或低温条件下工作的焊接结构，应分别选择耐热钢焊丝和低温钢焊丝；接触腐蚀介质的焊接结构应选择不锈钢焊丝；承受冲击载荷的焊接结构应选择强度足够、塑性和韧性较好的焊丝。

二、焊丝的保管、发放和使用

为了确保焊接结构的质量，除了正确选择焊接材料外，还必须在焊接施工中注意焊接材料的保管及质量管理。焊接材料和保管、限量发放和使用，以及必要的复验是保证焊接质量的重要环节，它将直接影响焊接的质量。每一个焊工、保管员和技术员都应该熟悉焊接材料的储存和保管规则，熟悉焊接材料的烘焙和使用要求。

焊丝是一种金属制品，防潮是焊丝保管中必须要考虑的问题。因为焊丝吸潮后，可使熔敷金属中扩散氢含量增加，产生凹坑、气孔等缺陷，使焊接工艺性能、焊缝及焊缝金属力学性能变差，严重的可导致焊缝开裂。焊丝的吸潮试验表明：随着吸潮时间的增长和吸潮量的增加，熔敷金属中的扩散氢量逐渐增多，这对焊缝的抗裂性能不利。

1. 焊丝的保管要求

1）进厂的焊接材料应先由技术检验部门核对焊接材料的生产单位、质量证书、牌号、规格、质量、批号、生产日期。对无证书或包装破损、运输过程受潮以及不符合标准规定的焊接材料，检验人员有权拒绝验收入库。

2）当发现已入库的焊接材料因保管不善、存放时间过长或发放错误等情况时，质检人员可按有关产品验收技术条件进行抽样检查，不合格的应予报废，并通知车间停止使用。

3）要求在推荐的保管条件下，原始未打开包装的焊丝，至少有 12 个月可保持在出厂质量状态。当然，最长的保管时间取决于周围的大气环境（温度、湿度等）。仓库推荐的保管条件为室温在 10~15℃，最高 40℃，最大相对湿度为 60%。

4）焊丝应存放在干燥、通风良好的库房中，不允许露天存放或放在有有害气体和腐蚀性介质的室内。室内应保持整洁，堆放时不宜直接放在地面上，最好放在离地面和墙壁不小于 300mm 的架上或垫木上，以保持空气流通，防止受潮。

5）由于焊丝适用的焊接方法较多，故焊丝的种类、形状及捆包状态也有多种。要避免乱扔乱放，防止包装破损。一旦包装破损，可能会引起焊丝吸潮、生锈。

6）药芯焊丝在防潮保管方面比焊条和实心焊丝要求高。一方面生产厂商在药芯焊丝包装上要给予充分重视，采取相应的技术措施；另一方面建议使用单位不要长期大量保存药芯焊丝。目前现有的常规防潮包装可保证药芯焊丝在半年至一年内基本符合出厂时的技术要求。因此，使用单位应根据生产实际情况组织进货，减少库存。

焊接材料的仓库保管条件应满足如下要求。

① 通风良好、干燥。

② 室温不应低于 5℃，对含氢量有特殊要求的焊丝，其相对湿度应不大于 60%。

③ 货架或垫木应离墙、离地不小于 300mm。

④ 按品种、牌号分类堆放，并涂以明显标志。

2. 焊丝在使用中的管理

1）开包后焊丝应在 2 天内用完。

2）开包后的焊丝要防止其表面冷凝结露，或被锈、油脂及其他碳氢化合物污染，应保持焊丝表面干净、干燥。

3）当焊丝没用完，需放在送丝机构内过夜时，要用帆布、塑料布或其他物品将送丝机构（或焊丝盘）罩住，以减少与空气中的湿气接触。

4）对于 2 天以上时间不用的焊丝，要从送丝机构内取下，放回原包装内密封，然后再放入具有良好保管条件的仓库中。

3. 焊丝的质量管理

1）购入的焊丝，每批产品均应有生产厂家的质量保证书，经检验合格的产品每件包装中必须带有产品说明书和检验产品合格证，包装上应用标签或其他方法标明焊丝型号和相应国家标准号、批号、检验号、规格、净质量、制造厂名称及厂址。

2）要按焊丝的类别、规格分别堆放，防止误用。

3）按照"先进先出"的原则发放焊丝，尽量减少焊丝存放期。

4）发现焊丝包装破损，要认真检查。对于有机械损伤或有过量锈迹的焊丝，不能用于焊接，应退回至检查员或技术负责人处检查及进行使用认可。

4. 焊丝的烘干

烘干是在焊条使用中经常遇到的问题，但对焊丝而言，在现有文献和产品说明中，却没有明确的要求。在实际施工中，对于受潮较严重的焊丝，也可进行烘干，但温度不宜过高，一般为 120~150℃烘干 1~2h 即可。这对消除气孔及降低扩散氢含量有利。

第三章　CO₂焊工艺基础

学习目标：通过学习本章内容，使学生了解 CO₂焊焊接接头的相关知识，掌握其焊接工艺及基本操作技术。在实际操作时，能够正确确定焊接工艺，把握操作要领。

第一节　焊接接头

一、焊接接头与坡口

1. 焊接接头的含义

焊接接头是指由两个或两个以上零件通过焊接方法连接的接头。焊接接头性能应考虑焊缝、熔合区、热影响区，甚至母材金属等不同部位的相互影响。焊接接头的组成如图 3-1 所示。

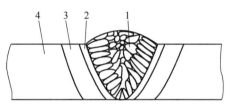

图 3-1　焊接接头

1—焊缝　2—熔合区　3—热影响区　4—母材金属

1）焊缝——焊件经焊接后所形成的结合部分。通常由焊材和熔化的母材金属组成，有时也全部由熔化的母材金属组成。

2）熔合区（熔焊）——焊缝与母材交界的过渡区，即熔合线处微观显示的母材半熔化区。

3）热影响区——在焊接或切割过程中，材料因受热的影响（但未熔化）而发生金相组织和力学性能变化的区域。

4）母材金属——被焊金属的统称。

2. 坡口的含义

坡口是指根据设计或工艺需要，在焊件的待焊部位加工并装配成的有一定几何形状的沟槽。国家标准 GB/T 985.1~2—2008 对各种坡口形式及尺寸做了明确规定，坡口各部位名称如图 3-2 所示。

1）坡口面——待焊工件上的坡口表面。

2）坡口面角度和坡口角度——待加工坡口的端面与坡口面之间的夹角称为坡口面角度，用符号 β 表示；两坡口面之间的夹角称为坡口角度，用符号 α 表示。

3）根部间隙——焊前在接头根部之间预留的空隙，其作用在于打底焊时能保证根部焊透。根部间隙又称为装配间隙，用符号 b 表示。

4）钝边——焊件开坡口时，沿焊件接头坡口根部的端面直边部分。钝边用符号 p 表示，其作用是防止焊接时根部烧穿。

5）根部半径——在 J 形、U 形坡口底部的圆角半径。根部半径用符号 R 表示，其作用是增大坡口根部的空间，以便焊透根部。

3. 接头与坡口形式

在焊接中，由于焊件的厚度、结构及使用条件不同，其接头形式及坡口形式也不同，焊接

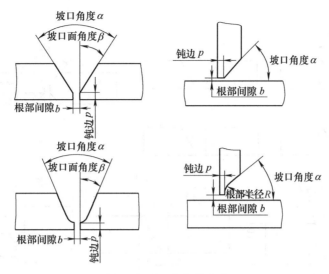

图 3-2 坡口各部位名称

接头形式有对接接头、T 形接头、角接接头、搭接接头、十字接头、端接接头、套管接头、卷边接头、锁底接头等。常用的接头形式主要有对接接头、T 形接头、角接接头及搭接接头。

根据坡口的形状，坡口分成 I 形（不开坡口）、V 形、带钝边 V 形（Y 形）、X 形（双 V 形或双 Y 形）、U 形、双 U 形、单边 V 形、双单边 Y 形、J 形及其组合和带垫板等多种坡口形式。常用的坡口形式主要有 I 形（不开坡口）、V 形（Y 形）、U 形、X 形（双 V 形或双 Y 形）4 种。

（1）对接接头 两焊件表面构成≥135°且≤180°夹角的接头，称为对接接头。对接接头形式受力均匀，应力集中小，是比较理想的接头形式，也是焊接结构中首选和采用最多的一种接头形式。

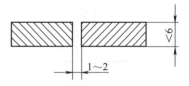

图 3-3 不开坡口的对接接头

1）不开坡口（I 形）的对接接头如图 3-3 所示。

2）开坡口的对接接头如图 3-4 所示。

（2）T 形接头 一焊件之端面与另一焊件表面构成直角或近似直角的接头称为 T 形接头。T 形接头可承受各种方向的力，在焊接结构中被广泛使用。例如，在船体结构中 70%的焊接接头是 T 形接头。

1）不开坡口的 T 形接头如图 3-5 所示。

2）开坡口的 T 形接头如图 3-6 所示。

（3）角接接头 两焊件端面间构成>30°且≤135°夹角的接头，称为角接接头。角接接头形式受力状况不太好，易引起应力集中，一般用在不重要的结构中。

1）不开坡口的角接接头如图 3-7 所示。

2）开坡口的角接接头如图 3-8 所示。

（4）搭接接头 两焊件部分重叠构成的接头，称为搭接接头。搭接接头形式应力分布不均，在承受动载荷的结构中不宜采用此种形式，但搭接接头易于装配，在不重要的焊接结构中有较多应用。

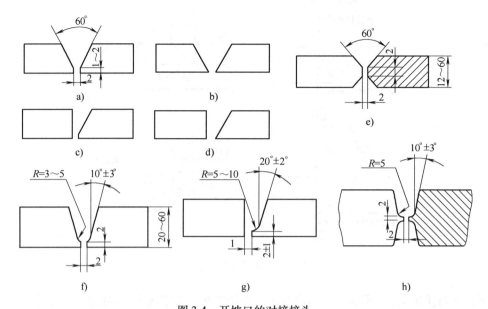

图 3-4 开坡口的对接接头

a）带钝边 V 形坡口 b）V 形坡口 c）单边 V 形坡口 d）单边 V 形坡口 e）X 形坡口

f）U 形坡口 g）单边 U 形坡口 h）双 U 形坡口

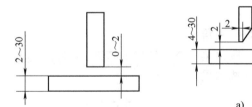

图 3-5 不开坡口的 T 形接头

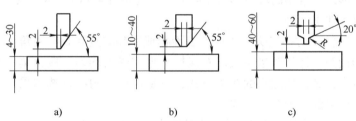

图 3-6 开坡口的 T 形接头

a）单边 V 形坡口 b）K 形坡口 c）双 U 形坡口

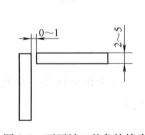

图 3-7 不开坡口的角接接头

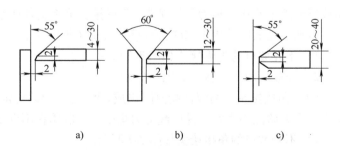

图 3-8 开坡口的角接接头

a）单边 V 形坡口 b）V 形坡口 c）K 形坡口

1）不开坡口的搭接接头如图 3-9 所示。

2）开坡口的搭接接头如图 3-10 所示。

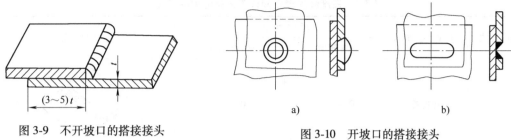

图 3-9　不开坡口的搭接接头

图 3-10　开坡口的搭接接头
a）圆孔内塞焊　b）长孔内塞焊

二、焊缝形式

1. 按焊缝施焊时的空间位置分

焊接位置是指熔焊时焊件接缝所处的空间位置。焊接位置有平焊、横焊、立焊和仰焊位置等，如图 3-11 所示。

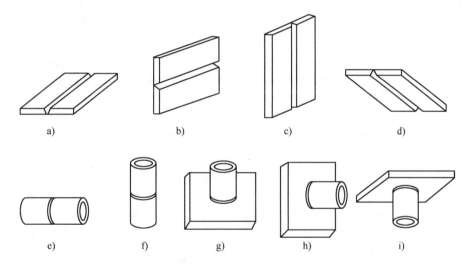

图 3-11　板管各种焊接位置
a）板状平焊　b）板状横焊　c）板状立焊　d）板状仰焊　e）管状水平焊
f）管状垂直焊　g）管板垂直平焊　h）管板水平焊　i）管板垂直仰焊

T 形接头、十字接头和角接接头焊缝处于平焊位置进行的焊接称为船形焊。在工程上常遇到的水平固定管的焊接，由于管子在 360°的焊接中，有平焊、立焊、仰焊几种焊接位置，所以称为全位置焊。

按照焊缝在施焊时所处的空间位置的不同，焊缝分为平焊缝、立焊缝、横焊缝和仰焊缝，见表 3-1。

焊缝倾角：表示焊缝轴线与水平面之间的夹角，如图 3-12a 所示。

焊缝转角：焊缝中心线（焊根和盖面层中心连线）和水平参照面 Y 轴的夹角，如图 3-12b 所示。

表 3-1 按施焊焊缝空间位置分类的焊缝形式

焊缝形式	施焊位置	焊缝角度		示 意 图
		焊缝倾角	焊缝转角	
平焊缝	平焊位置	0°~5°	0°~10°	
立焊缝	立焊位置	80°~90°	0°~180°	
横焊缝	横焊位置	0°~5°	70°~90°	
仰焊缝	仰焊位置	0°~15°（对接）或 0°~15°（角接）	165°~180°（对接）或 115°~180°（角接）	

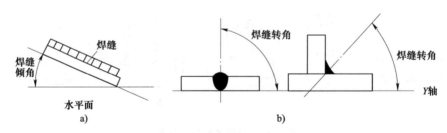

图 3-12 焊缝倾角与焊缝转角示意图
a）焊缝倾角　b）焊缝转角

2. 按焊缝接合形式分

按照焊缝接合形式的不同，焊缝分为对接焊缝、角焊缝和塞焊缝，见表 3-2。

表 3-2 按焊缝接合形式分类的焊缝形式

焊缝形式	定　义	示 意 图
对接焊缝	在焊件的坡口面间，或一零件的坡口面与另一零件表面间焊接的焊缝	

（续）

焊缝形式	定　　义	示　意　图
角焊缝	沿两直交或近似直交零件的交线焊接的焊缝	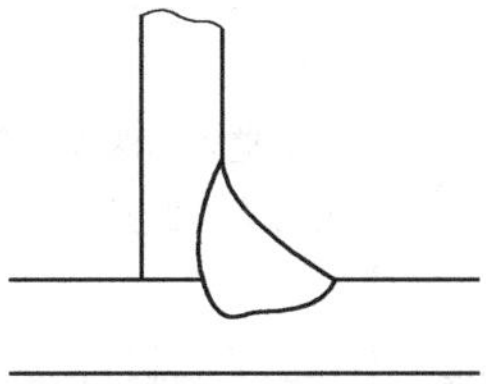
塞焊缝	零件相叠，其中一块开圆孔，在圆孔中焊接两板所形成的焊缝。只在孔内焊角焊缝的不称为塞焊缝	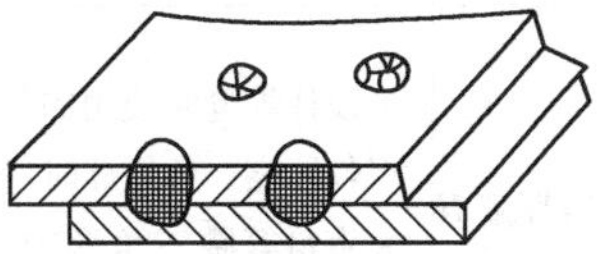

3. 按焊缝断续情况分

按照焊缝的断续情况分，焊缝可分为定位焊缝、连续焊缝和断续焊缝等，见表3-3。

表3-3　按焊缝断续情况分类的焊缝形式

焊缝形式	定　　义	示　意　图
定位焊缝	焊前为装配和固定构件接缝的位置而焊接的短焊缝	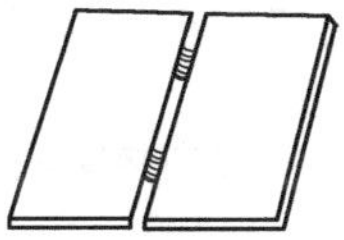
连续焊缝	沿接头长度方向连续焊接的焊缝，包括连续对接焊缝和连续角焊缝	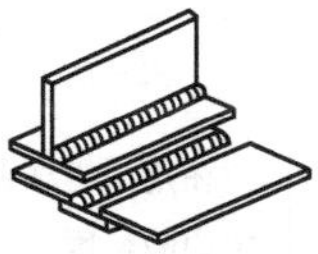
断续焊缝	焊接成具有一定间隔的焊缝	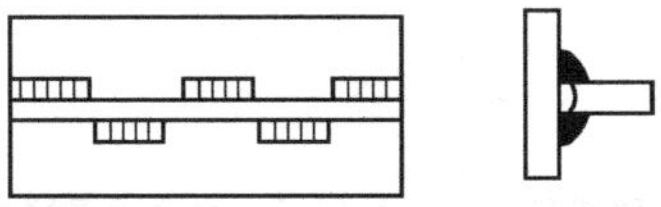

定位焊缝的质量很重要，但往往不被焊工所重视，因此生产上经常出现因定位焊缝质量较差而引起的开裂事故。因定位焊缝有裂纹、气孔和夹渣等缺陷而影响焊缝质量，造成焊后返修的案例也较多。

根据规定，定位焊缝应由考核合格的焊工焊接，所用的焊材应与正式施焊的焊材相同。在保证焊件位置相对固定的前提下，定位焊缝的数量应减到最少，但其厚度应不小于根部焊缝的厚度，其长度应不小于较厚板材厚度的4倍或不小于50mm（两者中取其较小者），定位焊缝不应处于焊缝交叉点，应与交叉点间隔50mm以上。焊件如果要求焊前预热，定位焊缝也应局部预热到规定温度后再进行焊接。

三、焊缝形状尺寸

焊缝的形状一般用几何参数表示，不同形式的焊缝，其形状参数也不一样。常用的焊缝形状参数有焊缝宽度、余高、焊缝厚度、焊脚尺寸、焊缝成形系数和熔合比等。焊缝形状参数的定义、表示符号及相互关系见表3-4。

表 3-4　焊缝形状参数的定义、表示符号及相互关系

形状参数	定　义	示　意　图
焊缝宽度 B	焊缝表面两焊趾之间的距离（焊缝表面与母材交界处称为焊趾）	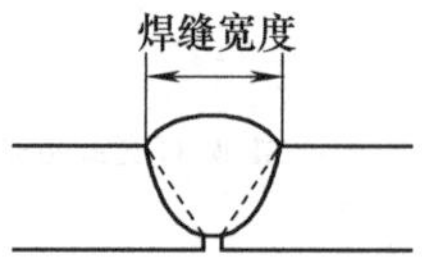
焊缝厚度	在焊缝横截面中，从焊缝正面到焊缝背面的距离	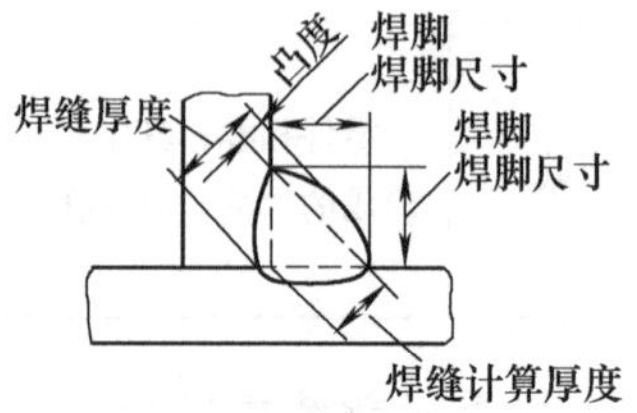
焊缝计算厚度 H	设计焊缝时使用的焊缝厚度。对接焊缝焊透时等于焊件厚度；角焊缝时等于在角焊缝横截面内画出的最大直角等腰三角形中，从直角的顶点到斜边的直线长度	
余高	超出母材表面连线以上部分的焊缝金属的最大高度	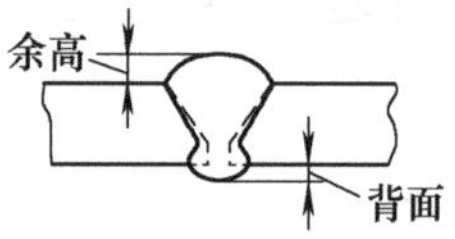
熔深	在焊接接头横截面上，母材或前道焊缝熔化的深度	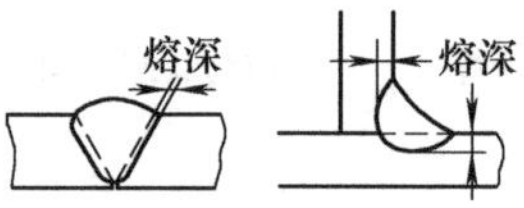
焊脚尺寸	在角焊缝横截面中画出的最大等腰直角三角形中直角边的长度	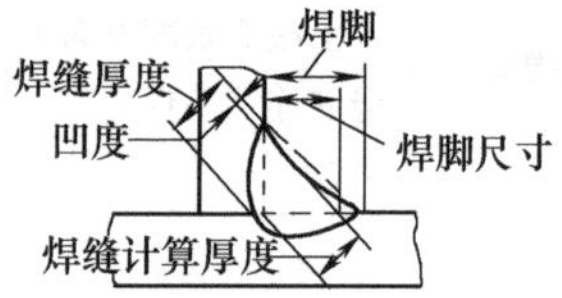
焊缝成形系数 ψ	熔焊时，在单道焊缝横截面上焊缝宽度（B）与焊缝计算厚度（H）的比值（$\psi=B/H$）	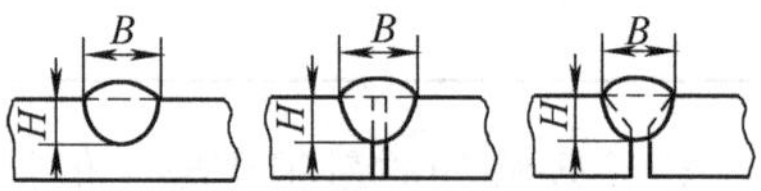
熔合比	熔焊时，被熔化的母材在焊道金属中所占的百分比	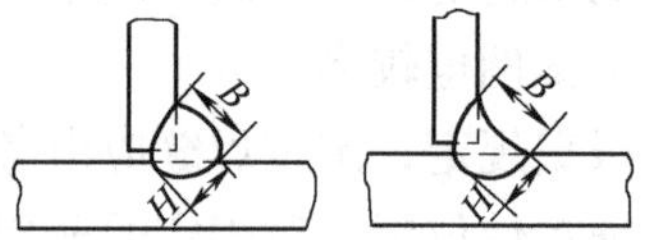

四、焊缝代号

在图样上标注焊接方法、焊缝形式和焊缝尺寸的符号，称为焊缝符号。它是指导焊工施焊的主要依据，焊工应清楚焊缝符号的标注方法及其含义。

1. 焊缝符号的组成

完整的焊缝符号包括基本符号、补充符号、指引线、尺寸符号及数据等。

（1）基本符号　焊缝的基本符号表示焊缝横截面的形式或特征，见表 3-5。

表 3-5　常见的基本符号（摘自 GB/T 324—2008）

名称	基本符号	示意图	标注示例
I 形焊缝	‖		
V 形焊缝	∨		
单边 V 形焊缝	∨		
带钝边 V 形焊缝	Y		
带钝边单边 V 形焊缝	Ⱶ		
带钝边 U 形焊缝	Y		
带钝边 J 形焊缝	μ		
封底焊缝	⌣		
角焊缝	◺		
点焊缝	○		

（2）补充符号　焊缝的补充符号是补充说明有关焊缝或接头的某些特征（如表面形状、衬垫、焊缝分布、施焊特点等），见表 3-6。

表 3-6　焊缝的补充符号（摘自 GB/T 324—2008）

名称	符号	示意图	标注示例	说　明
平面	——			平齐的 V 形焊缝，焊缝表面经过加工后平整

（续）

名称	符号	示意图	标注示例	说　明
凹面	⌣			焊缝表面凹陷
凸面	⌢			双面 V 形焊缝，焊缝表面凸起
圆滑过渡				表面平滑过渡的角焊缝
永久衬垫	M			V 形焊缝，背面的衬垫永久保留
临时衬垫	MR			V 形焊缝背面的衬垫在焊接完成后拆除
三面焊缝	⊏			三面带有（角）焊缝，符号开口方向与实际方向一致
周围焊缝	○			沿着工件周围施焊的焊缝。周围焊缝符号标注在基准线与箭头线的交点处
现场焊缝	▰			在现场焊接的焊缝
尾部	<		$N=4/111$	有 4 条相同的角焊缝采用焊条电弧焊

（3）指引线　指引线一般由带箭头的指引线（简称箭头线）和两条基准线（一条为细实线，另一条为细虚线）两部分组成，如图 3-13 所示。基准线一般与标题栏平行。指引线有箭头的一端指向有关焊缝，细虚线表示焊缝在接头的非箭头侧。在需要表示焊接方法等说明时，可在基准线末端加一尾部符号。

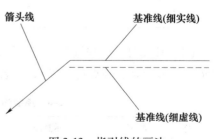

图 3-13　指引线的画法

（4）尺寸符号　用来代表焊缝的尺寸要求，当需要注明尺寸要求时才标注。尺寸符号的含义及标注的位置见表 3-7。

表 3-7 尺寸符号的含义及标注的位置（摘自 GB/T 324—2008）

名称	符号	标注位置
工件厚度	δ	
坡口角度	α	
坡口面角度	β	
根部间隙	b	
钝边	p	
坡口深度	H	
焊缝宽度	c	
余高	h	
焊缝有效厚度	S	
根部半径	R	
焊脚尺寸	K	
焊缝长度	l	
焊缝间距	e	
焊缝段数	n	
相同焊缝数量	N	

（5）焊接方法代号　按焊接过程中金属所处的状态不同，焊接方法分为熔化焊接、压力焊接和钎焊三大类。国家标准 GB/T 5185—2005《焊接及相关工艺方法代号》规定，用阿拉伯数字代号表示各种焊接工艺方法，并可在图样中标出。焊接及相关工艺方法一般采用三位数字表示：一位数代号表示工艺方法大类，二位数代号表示工艺方法分类，三位数代号表示某种工艺方法。常用的焊接及相关工艺方法代号，见表 3-8。

表 3-8 常用的焊接及相关工艺方法代号

焊接方法	代号	焊接方法	代号
电弧焊	1	摩擦焊	42
电阻焊	2	扩散焊	45
气焊	3	电子束焊	51
压焊	4	激光焊	52
其他焊接方法	7	焊条电弧焊	111
埋弧焊	12	熔化极惰性气体保护焊	131
点焊	21	钨极惰性气体保护焊	141
缝焊	22	氧乙炔焊	311
闪光焊	24	氧丙烷焊	312
超声波焊	41	爆炸焊	441

2. 焊缝尺寸符号及数据标注规则

在焊缝符号中标注尺寸时，其标注规则如图 3-14 所示。

1）焊缝横截面上的尺寸，标在基本符号的左侧。

2）焊缝长度方向的尺寸，标在基本符号的右侧。

3）坡口角度、坡口面角度、根部间隙等尺寸，标在基本符号的上侧或下侧。

4）相同焊缝数量及焊接方法代号标注在尾部。

5）当需要标注的尺寸较多又不易分辨时，可在尺寸数据前面增加相应的尺寸符号。

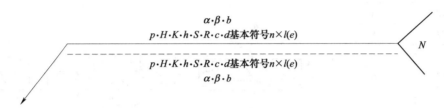

图 3-14　焊缝尺寸的标注规则

3. 识别焊缝代号的基本方法

1）根据箭头的指引方向了解焊缝在焊件上的位置。

2）看图样上焊件的结构形式（即组焊焊件的相对位置）识别出接头形式。

3）通过基本符号可以识别焊缝形式（即坡口形式）、基本符号上下标有坡口角度及对装间隙。

4）通过基准线的尾部标注可以了解采用的焊接方法、对焊接的质量要求及无损检验要求。

第二节　CO$_2$ 焊电弧与熔滴过渡

一、CO$_2$ 焊电弧

1. 电弧的静特性

CO$_2$ 焊时，在电极材料、气体介质和弧长一定的情况下，电弧稳定燃烧时，焊接电流与电弧电压变化的关系，称为电弧的静特性。由于 CO$_2$ 焊焊接电源的输出方式属于平外特性输出，焊接时电流密度又比较大，随着焊接电流的增大，电弧电压也要随之升高，因而电弧的静特性处于上升特性段，如图 3-15cd 段所示。CO$_2$ 焊时，焊接电弧的长度、气体的种类和气体的压力是影响电弧静特性的主要因素。

2. 电弧的极性

通常情况下 CO$_2$ 焊焊接时，都采用直流反接的形式，如图 3-16 所示。采用直流反接的焊接电流比较稳定，金属飞溅小，成形也较好，熔透深度大，焊缝金属中扩散氢的含量较少。但是在堆焊和补焊铸铁时，采用直流正接更为适宜，因为在焊接过程中阴极的发热量比阳极的发热量大，直流正接时焊丝接阴极，熔化系数大，大约为反极性的 1.6 倍，熔深较浅，堆焊金属的稀释率也较小，有利于焊接的实施效果。

二、CO$_2$ 焊熔滴过渡

CO$_2$ 焊焊接过程中，电弧燃烧的稳定性和焊缝成形的好坏取决于熔滴过渡形式。另外，熔滴过渡对焊接工艺和冶金特点也有影响。所以，应选择合理的焊接参数，以获得所希望的熔滴过渡形式，从而保证焊接过程中的稳定性，减少飞溅。CO$_2$ 焊熔滴过渡的形式大致可以

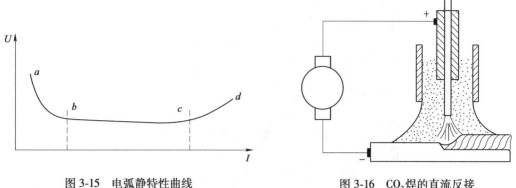

图 3-15　电弧静特性曲线　　　　　　　　图 3-16　CO₂焊的直流反接

ab 段—下降特性段　*bc* 段—水平特性段　*cd* 段—上升特性段

分为短路过渡、颗粒过渡、半短路过渡及喷射过渡四种形式，如图 3-17 所示。

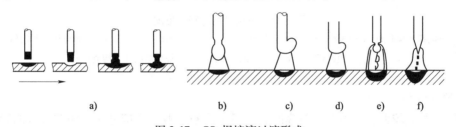

图 3-17　CO₂焊熔滴过渡形式

a）短路过渡　b）颗粒过渡　c）大颗粒过渡　d）细颗粒过渡　e）射滴过渡　f）射流过渡

1. 短路过渡

CO₂焊焊接过程中，如果焊接电流过小，会导致焊接电弧不稳定，且焊丝熔滴受到重力的作用而呈现大滴过渡，不仅使熔滴过渡无力，而且焊缝成形也不是太好。此时，如果降低电弧电压，使焊接电弧弧长小于熔滴自由成形时熔滴直径，则不但能使焊接电弧稳定，焊接飞溅小，而且熔滴向焊接熔池过渡的频率也增大，焊缝成形也大大改善。这种小焊接电流配低电弧电压的焊接方法，就是熔滴短路过渡。因其热输入低，所以被广泛用于薄板和空间位置的焊接。短路过渡过程的焊接电流、电弧电压波形，如图 3-18 所示。

短路过渡时，焊丝端部的熔滴在电弧中不断长大，熔滴与起伏不定的熔池发生短路接触，在焊丝端部与焊接熔池之间建立起短路液桥，该短路液桥在受到重力、内部黏滞力、表面张力、短路电流产生的电磁收缩力和气体爆破力等的作用下，进而实现熔滴的短路过渡。

为了获得最高的短路频率，要选择最合适的电弧电压，对于直径为 0.8～1.2mm 的焊丝，电压值在 20V 左右时，获得最高短路频率约为100Hz。当采用短路过渡形式焊接时，由于电弧不断地发生短路，因此可听见均匀的"啪啪"声。如果电弧电压过低，因弧长很短，短路的频率很高，电弧燃烧的时间很短，可能焊丝端部还来不及熔化就插入熔池，就会发生固体短路，因短路的电流很大，致使焊丝突然爆断，产生严重的飞溅，使焊接过程极不稳定，此时可以看到很多短段焊丝插在焊缝上。

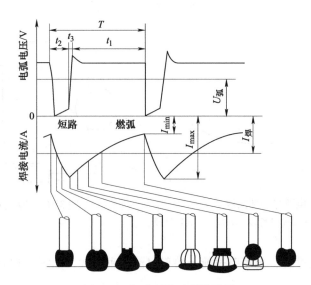

图 3-18 短路过渡过程波形图

t_1—电弧燃烧时间 t_2—短路时间 t_3—电压恢复时间 T—焊接循环周期 $U_弧$—电弧电压（平均值）

I_{max}—短路峰值电流 I_{min}—最小电流 $I_焊$—焊接电流（平均值）

2. 颗粒过渡

当焊接电流较大、电弧电压较高时，会发生颗粒过渡。焊接电流对颗粒过渡的影响非常显著，随着焊接电流的增加，熔滴体积减小，过渡频率增加，如图 3-17b~d 所示。颗粒过渡通常有以下三种情况：

1）颗粒过渡 当焊接电流和短路电流的上限差不多，但电弧电压较高时，电弧较长，熔滴增长到最大时不会短路，在重力作用下落入熔池，这种情况焊接过程较稳定、飞溅也小，常用来焊接薄板，如图 3-17b 所示。

2）大颗粒过渡 当焊接电流比短路电流大，电弧电压较高时，由于焊丝的熔化较快，在端部出现很大的熔滴，不但左右摆动而且上下跳动，一部分成为大颗粒飞溅，另一部分落入熔池，这种过渡形式称为大颗粒过渡，如图 3-17c 所示。大颗粒过渡时飞溅较多，焊缝成形不是很好，焊接过程不稳定，没有应用的价值。

3）细颗粒过渡 当焊接电流进一步增加时，熔滴变细，过渡频率较高，此时飞溅较少，焊接过程稳定，称为细颗粒过渡（又称小颗粒过渡）。对于 φ1.6mm 焊丝，当焊接电流超过 400A 时，就是细颗粒过渡。细颗粒过渡适用于焊接中厚板。细颗粒过渡时，焊丝端部的熔滴较小，左右摆动，如图 3-17d 所示。

3. 半短路过渡

当采用小电流和低电弧电压焊接时会发生短路过渡，采用大电流和高电弧电压焊接时会发生细颗粒过渡；而焊接电流和电弧电压刚好处在两种过渡形式的中间值时，即发生半短路过渡。当使用 φ1.2mm 焊丝，采用 180~260A 的焊接电流，24~31V 的电弧电压进行焊接时，就会发生半短路过渡。随着半短路过渡发生，会有少量呈颗粒状的大熔滴飞落到熔池外，如图 3-19 所示。

半短路过渡焊接时，焊缝成形较好，但焊接飞溅较大。而当焊机的特性适合时，焊接飞

溅损失会很大程度的降低。半短路过渡适用于 6 ~
8mm 中厚度钢板的焊接。

4. 喷射过渡

焊接过程中，当熔滴过渡形式为细颗粒过渡时，
进一步增加焊接电流，升高电弧电压，熔滴颗粒进一
步缩小。当熔滴直径接近或小于焊丝直径时，细小的
熔滴迅速从焊丝端头脱落，以喷射状态通过电弧向熔
池过渡的形式，就是喷射过渡。射滴过渡、射流过渡
为喷射过渡的两种表现形式。喷射过渡的焊接电流

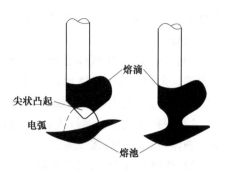

图 3-19　半短路过渡示意图

大，熔滴过渡频率高，熔池不容易控制，焊缝成形较差，CO_2 焊一般很少采用这种过渡
形式。

三、CO_2 焊熔滴过渡改善及焊接飞溅降低的途径

CO_2 焊最大的缺点是焊接过程中产生的焊接飞溅较大，这与焊丝熔滴过渡形态有关，控
制好熔滴过渡就能降低焊接飞溅。而熔滴过渡形态除与焊接电流和电压有关外，还与焊接设
备、气体和焊丝的性能密切相关。因此，应从改善 CO_2 焊焊接设备、气体和焊丝的性能入
手，控制熔滴过渡形态，降低焊接飞溅。

1. 焊接设备性能的改善

随着科技的不断进步，设备研制人员通过采用绝缘栅双极晶体管 IGBT 作为大功率电子
开关器件的方法，研制了 IGBT 逆变式 CO_2 焊机。该焊机通过将 380V/50Hz 交流电源整流、
滤波后得到一个较平滑的直流电，由 IGBT 模块将直流电转换为 15 ~ 100kHz 的中频交流电，
经中频降压器降压后，通过再次整流、滤波，获得平稳的直流焊接电流。IGBT 逆变式 CO_2
焊机在使用过程中飞溅小，焊缝成形美观，焊接质量优良，主电路、控制电路简单可靠。

2. 气体、焊丝性能的改善

（1）CO_2 加 O_2 混合使用　采用纯 CO_2 气体进行焊接时，焊接过程不够稳定。如果在 CO_2
气体中加入体积分数为 15% ~ 20% 的 O_2，会使保护气体的氧化性加强，通过焊接过程的冶金
反应，产生较大的热量，从而降低液态金属表面张力，改善焊丝熔滴过渡以及焊缝熔池金属
的流动性。同时，由于 O_2 的加入，使焊接过程的冶金反应更加强烈，焊缝中的含氢量更低，
提高了焊接接头的抗裂性能。

（2）CO_2 加 Ar 混合使用　纯 CO_2 气体在焊接电弧温度区内热导率较高，加之分解吸热
消耗了电弧大量的热量，引起电弧弧柱和电弧斑点直径的强烈收缩，容易产生焊接飞溅，这
是由于 CO_2 气体的物理性质决定的；在 CO_2 中加入一定量的 Ar，改变纯 CO_2 气体的物理、化
学性质，使电弧弧柱和电弧斑点直径得到扩展，从而降低焊接飞溅量。在短路过渡 CO_2 焊
时，一般采用 50%CO_2+50%Ar；在非短路过渡 CO_2 焊时，一般采用 30%CO_2+70%Ar。采用
CO_2 加 Ar 混合气体进行焊接，除能降低焊接飞溅外，还能改善焊缝成形，增加熔宽，降低
余高，减少熔深。

（3）采用脉动送丝系统　在 CO_2 焊中，采用脉动送丝系统代替常规的等速送丝，使焊
丝熔滴在脉动送进的情况下，与焊缝熔池发生短路，使短路过渡频率与脉动送丝的频率
基本一致，短路电流峰值不但均匀一致，而且数值也不高，从而降低了焊接飞溅。如果

在脉动送丝的基础上，再配合电流波形控制（其控制焊接飞溅），焊丝熔滴稳定过渡的效果会更好。

（4）采用纯 CO_2 气体加药芯焊丝焊接 纯 CO_2 焊时，焊接飞溅较大，焊缝成形比焊条电弧焊差。采用纯 CO_2 气体加药芯焊丝焊接时，是用气-渣联合保护的焊接工艺，克服了纯 CO_2 焊的缺点。其主要优点如下：

1）焊接飞溅小。通过改变药芯焊丝成分，从而改变焊丝熔滴及熔池表面张力，进而减小熔滴体积，减少焊接飞溅。

2）焊缝气孔少。通过增加药芯焊丝的 FeC_2，减少 TiO_2 等，使药芯焊丝焊道的气孔比实芯焊丝焊道气孔少。

3）焊缝成形好。采用气-渣联合保护，保护效果好，抗氧化性强，焊缝成形美观。

4）焊缝熔深大。因药芯焊丝电流密度大，不但对对接焊焊道的熔深较深，而且提高了角接焊根部的熔深。与实芯焊丝相比，减少了由于熔合不良而返工修补的工作量。

5）适宜大焊速的立向上焊接。进行立向上焊接时，通过高黏度、高凝固点的熔渣，牢固地托住熔化的金属，形成完美的焊缝。大焊速的立向上焊接过程中，焊接电流约为实芯焊丝的 2 倍。

不足之处：焊丝制造过程复杂，焊丝成本较高，药粉容易受潮，焊接烟尘较大。

第三节　CO₂焊工艺

一、CO₂焊焊接参数

焊接参数是指焊接时，为保证焊接质量而制订的各个物理量的总称。CO_2 焊的焊接参数主要包括焊接电流、电弧电压、焊丝直径、焊接速度、焊丝伸出长度、气体流量、电源极性、焊枪倾角及喷嘴高度等。焊接参数选择得正确与否，直接影响焊缝形状、尺寸、焊接质量和生产率，因此选择合适的焊接参数是焊接生产中不可忽视的一个重要问题。

在实际工作中，一般先根据工件厚度、坡口形式、焊接位置等选择焊丝直径，再确定焊接电流。

1. 焊丝直径

焊丝直径越大，允许使用的焊接电流越大。通常根据焊件的厚度、施焊位置及效率等条件来选择。进行薄板或中厚板的立、横、仰焊时，多采用直径 1.6mm 以下的焊丝。焊丝直径的选择见表 3-9。

表 3-9　焊丝直径的选择

焊丝直径/mm	焊件厚度/mm	施焊位置	熔滴过渡形式
0.8	1~3	各种位置	短路过渡
1.0	1.5~6	各种位置	短路过渡
1.2	2~12	各种位置	短路过渡
	中厚	平焊、横焊	细颗粒过渡
1.6	6~25	各种位置	短路过渡
	中厚	平焊、横焊	细颗粒过渡
2.0	中厚	平焊、横焊	细颗粒过渡

焊丝直径对熔深的影响如图 3-20 所示，当焊接电流相同时，熔深将随着焊丝直径的减小而增加。焊丝直径对焊丝的熔化速度也有明显的影响，当焊接电流相同时，焊丝越细，则熔敷速度越高。目前国内普遍采用的焊丝直径有 0.8mm、1.0mm、1.2mm、1.6mm 和 2.0mm 五种。

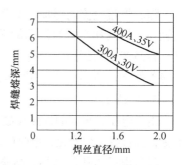

图 3-20 焊丝直径对熔深的影响

2. 焊接电流

焊接电流是重要的焊接参数之一，应根据焊件的板厚、材质、焊丝直径、施焊位置及要求的熔滴过渡形式来选择焊接电流的大小。焊丝直径与焊接电流的关系见表 3-10。

表 3-10 焊丝直径与焊接电流

焊丝直径/mm	焊接电流/A	适用板厚/mm
0.6	40~100	0.6~1.6
0.8	50~150	0.8~2.3
1.0	90~250	1.2~6
1.2	120~350	2.0~10
1.6	300 以上	6.0 以上

每种直径的焊丝都有一个合适的焊接电流范围，只有在这个范围内焊接过程才能稳定进行。通常直径为 0.8~1.6mm 的焊丝，短路过渡的焊接电流在 40~230A 范围内；细颗粒过渡的焊接电流在 250~500A 范围内。

当电源的外特性不变时，改变送丝速度，此时电弧电压几乎不变，焊接电流发生变化。送丝速度越快，焊接电流越大。在相同的送丝速度下，随着焊丝直径的增加，焊接电流也增加。焊接电流的变化对熔池的深度有决定性的影响，随着焊接电流的增大，熔深显著地增加，熔宽略有增加，如图 3-21 所示。

焊接电流对熔敷速度及熔深的影响如图 3-22 和图 3-23 所示。

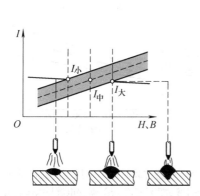

图 3-21 焊接电流对焊缝成形的影响

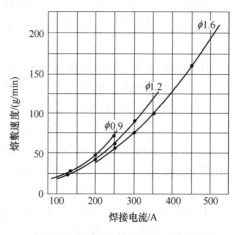

图 3-22 焊接电流对熔敷速度的影响

随着焊接电流的增加，熔敷速度和熔深都会增加。但应注意：焊接电流过大时，容易引起烧穿、焊漏和产生裂纹等缺陷，且焊件的变形大，焊接过程中飞溅也大；焊接电流过小时，容易产生未焊透、未熔合和夹渣等缺陷以及焊缝成形不良。通常在保证不烧穿、成形良好的条件下，应尽可能采用大电流，以提高生产效率。

3. 电弧电压

电弧电压是重要的焊接参数之一。送丝速度不变时，调节电源外特性，此时焊接电流几乎不变，弧长将发生变化，电弧电压也会发生变化，电弧电压对焊缝成形的影响如图3-24所示。

随着电弧电压的增加，熔宽明显增加，熔深和余高略有减小，焊缝成形较好，但焊缝金属的氧化和飞溅增加，力学性能降低。

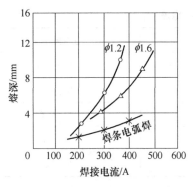

图3-23 焊接电流对熔深的影响

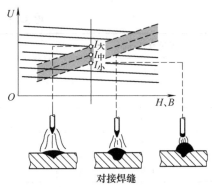

图3-24 电弧电压对焊缝成形的影响

为保证焊缝成形良好，电弧电压必须与焊接电流匹配。通常焊接电流小时，电弧电压较低；焊接电流大时，电弧电压较高。在进行打底焊或空间焊时，常采用短路过渡方式。在立焊和仰焊时，电弧电压应略低于平焊位置，以保证短路过渡稳定。

短路过渡时，熔滴在短路状态一滴一滴地过渡，短路频率为50~100Hz，如图3-25a所示。

在短路过渡方式下，电弧电压和焊接电流的关系如图3-25b所示。通常电弧电压为17~24V。

由图3-25b可见，随着焊接电流的增大，电弧电压也随之增大。电弧电压过高或过低，对电弧的稳定性、焊缝成形以及飞溅、气孔的产生都有不利的影响。应注意焊接电压与电弧电压是两个不同的概念，不能混淆。电弧电压是在导电嘴与焊件间测得的电压；而焊接电压则是焊机上电压表显示的电压，它是电弧电压与焊机和焊件间连接电缆线上的电压降之和。显然焊接电压比电弧电压高，但对于同一台焊机来说，当电缆长度和截面不变时，它们之间的差值是很容易计算出

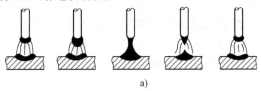

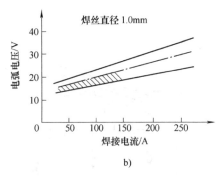

图3-25 短路过渡时电弧电压与焊接电流的关系

a) 短路过渡过程示意图 b) 焊接电流与电弧电压关系图

来的，特别是当电缆较短、截面较粗时，由于电缆上的压降很小，可用焊接电压代替电弧电压；若电缆很长、截面又小，则电缆上的电压降不能忽略，在这种情况下，若用焊机电压表上的读数代替电弧电压，将产生很大的误差。严格来说，焊机电压表上显示的是焊接电压，不是电弧电压。

CO_2 焊焊接过程中，焊接电流与电弧电压之间的调节是很重要的。对于一定的焊接电流范围，一般只有一个最佳电弧电压值，所以电弧电压与焊接电流之间的匹配是比较严格的。CO_2 焊时不同焊接电流的电弧电压匹配值见表 3-11。

表 3-11　CO_2 焊时不同焊接电流的电弧电压匹配值

焊接电流范围/A	电弧电压/V	
	平焊	横焊、立焊和仰焊
75~120	18~19	18~19
130~170	19~23	18~21
180~210	20~24	18~22

4. 焊接速度

焊接速度是重要的焊接参数之一，焊接时电弧将熔化金属吹开，在电弧吹力下形成一个凹坑，随后将熔化的焊丝金属填充进去，如果焊接速度太快，这个凹坑不能完全被填满，将产生咬边或下陷等缺陷；相反，若焊接速度过慢时，熔敷金属堆积在电弧下方，使熔池减小，将产生焊道不均匀、未熔合、未焊透等缺陷。

焊接速度对焊缝成形的影响如图 3-26 所示。

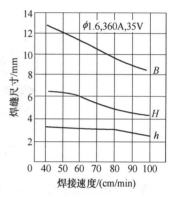

图 3-26　焊接速度对焊缝成形的影响
B—熔宽　h—余高　H—熔深

由图 3-26 可见，在焊丝直径、焊接电流、电弧电压不变的条件下，焊接速度增加时，熔宽与熔深都减小。如果焊接速度过高，除产生咬边、未熔合等缺陷外，由于保护效果变坏，还可能会出现气孔；若焊接速度过低，除生产效率降低外，焊接变形将会增大。一般半自动焊时，焊接速度应在 15~40m/h 范围内。

5. 焊丝伸出长度

焊丝伸出长度是指从导电嘴端部到焊丝端头的距离，如图 3-27 所示，又称干伸长。保证焊丝伸出长度不变是保证焊接过程稳定的基本条件之一。这是因为 CO_2 焊采用的焊接电流密度越大，伸出长度越长，焊丝的预热作用越强。预热作用的强弱会影响焊接参数和焊接质量，当送丝速度不变时，若焊丝的伸出长度增加，因预热作用强，焊丝熔化快，电弧电压高，则焊接电流减小，熔滴与熔池温度降低，将造成热量不足，容易引起未焊透、未熔合等缺陷。相反，则会在全位置焊时可能产生熔池液态金属流失。

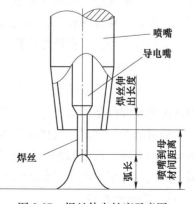

图 3-27　焊丝伸出长度示意图

预热作用的大小还与焊丝的电阻、焊接电流和焊丝直径有关。对于不同直径、不同材质的焊丝，允许使用的焊丝伸出长度是不同的，可按表 3-12 选择。

表 3-12　焊丝伸出长度的允许值　　　　　（单位：mm）

焊丝直径	焊丝牌号	
	H08Mn2Si	H06Cr19Ni9Ti
0.8	6~12	5~9
1.0	7~13	6~11
1.2	8~15	7~12

焊丝伸出长度过小，妨碍焊接时对电弧的观察，影响操作；还容易因导电嘴过热而夹住焊丝，甚至烧毁导电嘴，破坏焊接过程的正常进行。焊丝伸出长度太大时，因焊丝端头摆动，电弧位置变化较大，保护效果变差，使焊缝成形不好，容易产生焊接缺陷。焊丝伸出长度对成形的影响如图 3-28 所示。

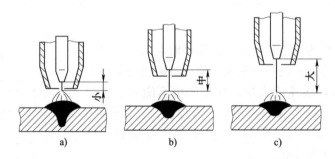

图 3-28　焊丝伸出长度对焊缝成形的影响

焊丝伸出长度小时，电阻预热作用小，电弧功率大、熔深大、飞溅少；伸出长度大时，电阻对焊丝的预热作用强，电弧功率小、熔深浅、飞溅多。焊丝伸出长度不是独立的焊接参数，通常焊工根据焊接电流和保护气流量确定喷嘴高度的同时，焊丝伸出长度也就确定了。

6. 电流极性

CO₂ 焊通常都采用直流反接法，焊件接阴极，焊丝接阳极，焊接过程稳定、飞溅小、熔深大。直流正接法是焊件接阳极，焊丝接阴极，在相同的电流下，焊丝熔化速度快，熔深浅，余高大，稀释率较小，但飞溅较大。

根据这些特点，正极性焊接主要用于堆焊、铸铁补焊及大电流高速 CO₂ 焊。

7. 气体流量

CO₂ 气体的流量应根据对焊接区的保护效果来选择。接头形式、焊接电流、电弧电压、焊接速度及焊件条件对气体流量都有影响，气体流量过大或过小都对保护效果有影响。

通常细丝焊接时，气体流量为 5~15L/min；粗丝焊接时，气体流量为 10~20L/min。气体流量过大时，由于保护气流的紊流度增大，会把外界空气卷入焊接区，易产生气孔等缺陷。因此，一定要纠正"保护气体流量越大，保护效果越好"的错误概念。

8. 焊枪的倾角

焊接过程中，焊枪轴线和焊缝轴线之间的夹角，称为焊枪的倾斜角度，简称焊枪的倾角。焊枪的倾角也是不容忽视的因素。当焊枪倾角小于10°时，不论是前倾还是后倾，对焊接过程及焊缝成形都没有明显影响；但倾角过大时，将增加熔宽并减小熔深，还会增加飞溅。

焊枪倾角对焊缝成形的影响如图3-29所示，当焊枪与焊件成后倾角时，焊缝窄，余高大，熔深较大，焊缝成形不好；当焊枪与焊件成前倾角时，焊缝宽，余高小，熔深较浅，焊缝成形好。

通常操作者大都习惯用右手持焊枪，采用左焊法，焊枪采用前倾角，这样不但可得到较好的焊缝成形，而且能够清楚地观察和控制熔池，因此 CO₂ 焊时，通常都采用左焊法。

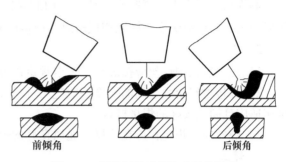

图 3-29 焊枪倾角对焊缝成形的影响

9. 电弧对中位置

在焊缝的垂直横截面内，焊枪的轴线和焊缝表面的交点称为电弧对中位置，如图 3-30 所示。在焊缝横截面内，焊枪轴线与焊缝表面的夹角 β 和电弧对中位置，决定电弧功率在坡口两侧的分配比例。当电弧对中位置在坡口中心时，若 $\beta<90°$，则 A 侧的热量多；若 $\beta=90°$，则 A、B 两侧的热量相等；若 $\beta>90°$，则 B 侧的热量多。为了保证坡口两侧熔合良好，必须选择合适的电弧对中位置和 β。电弧对中位置是电弧的摆动中心，应根据焊接位置处的坡口宽度选择焊道的数目、对中位置和摆幅的大小。

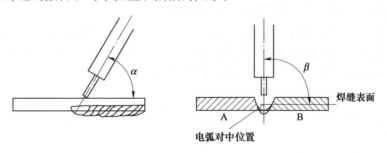

图 3-30 电弧对中位置

10. 喷嘴高度

焊接过程中喷嘴下表面和熔池表面的距离称为喷嘴高度，它是影响保护效果、生产效率和操作的重要因素。喷嘴高度越大，观察熔池越方便，需要保护的范围越大，焊丝伸出长度越大，焊接电流对焊丝的预热作用越大，焊丝熔化越快，焊丝端部摆动越大，保护气流的扰动越大，因此要求保护气的流量越大；喷嘴高

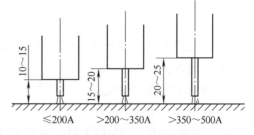

图 3-31 喷嘴高度与焊接电流的关系

度越小，需要的保护气流量越小，焊丝伸出长度越短。通常根据焊接电流的大小选择喷嘴高度，如图 3-31 所示。

二、CO₂ 焊工艺规程

1. 适用范围

本规程适用于压力容器及各种钢结构的焊接生产，规程规定了 CO₂ 焊的基本要求。本规程与国家和行业法规、标准相抵触时，应按国家和行业法规、标准执行。

2. 焊丝

1）压力容器的焊丝应按焊接工艺卡规定进行采购、保管和领用。

2）焊接材料熔敷金属的强度一般应与母材等强度。异种钢的焊接应选用与强度低的母材相适应且韧性较好的焊接材料。

3）焊丝应按规定存放在干燥、通风良好的焊材库内。焊丝使用前应无油、无锈。

3. 焊工

1）压力容器的焊工应经监察部门考试合格，并在有效期内方可进行焊接操作。在领到焊接工艺卡时，焊工首先核对焊接项目要求，确认无误后再进行焊接操作。

2）焊工在焊接操作前应熟读工艺卡要求，有异议时应向焊接技术人员提出，经修订或解释后再进行焊接操作。在焊接操作过程中，应严格按工艺卡要求进行。

3）焊工在焊接操作结束后，按规定位置打上焊工钢印代号，并彻底清除熔渣和表面飞溅物。

4. 焊件准备

1）焊件坡口用气割或等离子弧切割方法加工时，应清除氧化皮，并用砂轮将坡口及坡口两侧 10~20mm 范围打磨至露出金属光泽。用机械方法加工时，应用砂轮将坡口两侧打磨至露出金属光泽，并用丙酮等溶剂将坡口清洗干净。

2）组对时应保证其间隙符合工艺卡要求，当出现间隙过小或钝边太大时，应用砂轮打磨减薄后方可组对。法兰双面焊时，法兰密封面与管端的距离最少为 5~7mm，以保证焊缝金属焊后低于密封面。接管与筒体的组对按图样要求。

3）严禁使用未装加热装置的压力表流量计。

4）为防止焊枪内的导丝管堵塞，焊枪累计使用一个月后，应将焊枪内的导丝管抽出用丙酮浸泡清洗。

5）焊接时必须选用纯度符合要求的 CO₂ 气体。

6）焊接前应清理喷嘴及导电嘴上的附着物，防止气体喷出不均匀及喷嘴与导电嘴短路等故障发生。

5. 焊接

1）焊接环境出现下列任一情况时，须采取有效防护措施，否则禁止施焊。

① 当风速超过 2m/s 时。

② 作业区的相对湿度大于 90% 时。

③ 雨雪天气露天焊接时。

2）当焊件温度为 0℃ 以下时，应在始焊处 100mm 范围内预热到 15℃ 以上方可焊接。

3）焊接参数及焊接设备、焊接方法应严格按焊接工艺卡执行。

4）不应在焊缝以外的母材上打火、引弧；可采取反变形措施控制焊接变形。

5）打底焊层厚度不超过 4mm；填充焊时，焊枪应横向摆动，使焊道表面下凹，且高度低于母材表面 1.5~2mm；盖面焊时，焊接熔池边缘应超过坡口棱边 1~2mm，防止咬边。

6）焊接时，应在引弧板或坡口内引弧，多层焊时，应将起弧点错开。每层焊完后，应清除焊渣并用砂轮修整表面。修补表面缺陷后再焊下一层。

7）定位焊所用焊接材料应与正式施焊时相当，定位焊缝应与最终焊缝有相同的质量要求。钢衬垫的定位焊宜在接头坡口内焊接。定位焊缝厚度不宜超过设计焊缝厚度的 2/3，填满弧坑，且定位焊时预热温度高于正式施焊预热温度。定位焊缝上有气孔和裂纹时，必须清除重焊。

8）当导电嘴孔径由于磨损变大时应及时更换，以防止导电不良，影响焊接。

9）焊接时焊枪导线应顺畅，不得有打折、死弯现象，防止出现堵丝故障。

10）焊接返修按焊接工艺卡执行。

6. 质量要求

1）焊缝形状尺寸及外观应符合技术标准和设计图样的规定。

2）焊缝不得有表面裂纹、未焊透、未熔合、表面气孔、弧坑、未焊满和肉眼可见的夹渣等缺陷。焊缝上的熔渣和两侧的飞溅物必须清除。

3）焊缝和母材应圆滑过渡。

4）一般焊缝表面的咬边深度不大于 0.5mm，咬边的连续长度不大于 100mm，焊缝两侧的总长度不得超过该焊缝长度的 10%。

5）角焊缝的焊脚高度应符合技术标准和设计图样要求，外形应平滑过渡。

6）焊缝内部缺陷的合格标准应符合技术标准和工艺卡的规定。

7. 安全

1）焊工应穿戴好防护用品，防止触电、弧光伤害、烧伤、烫伤。严禁带病工作。

2）在容器内部焊接时应有专人监护，并有良好的通风。

3）焊机应有可靠的接地，焊机的一次电源应由电工负责拆装。

4）焊工在工作前应检查周围环境，防止火灾和爆炸的发生。

5）严禁容器带压补焊。

6）送丝时不可将焊枪对着身体任何部位，以防止焊丝送出伤人。

第四节　CO₂ 焊基本操作技术

一、CO₂ 焊操作基础

CO₂ 焊的质量是由焊接过程的稳定性决定的。焊接过程的稳定性除通过调节设备、选择合适的焊接参数保证外，更主要的是取决于操作者的实际操作水平。因此，每一名操作者只有熟悉 CO₂ 焊的基本操作技术，才能根据不同的实际情况，灵活地运用这些技能，从而获得满意的焊接效果。

1. 选择正确的持枪姿势

由于 CO₂ 焊的焊枪比焊条电弧焊的焊钳重，焊枪后面又拖了一根沉重的送丝导管，因此操作时比较吃力。为了能长时间坚持生产，操作者都应根据焊接位置，选择正确的持枪姿势，以保证稳定地进行焊接。

正确持枪姿势应满足以下条件：

1）操作时用身体某个部位承担焊枪的重量，通常手臂处于自然状态，手腕能灵活带动焊枪平移或转动，不感到太累。

2）焊接过程中，软管电缆的最小曲率半径应大于300mm，焊接时可随意拖动焊枪。

3）焊接过程中，能维持焊枪倾角不变，且可以清楚方便地观察熔池。

4）将送丝机放在合适的地方，保证焊枪能在需要的焊接范围内自由移动。

图3-32所示为焊接不同位置焊缝时的正确持枪姿势。

    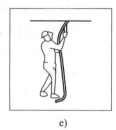

a)　　　　　　　　b)　　　　　　　　c)　　　　　　　　d)　　　　　　　　e)

图3-32　正确的持枪姿势

a）蹲位平焊　b）坐位平焊　c）立位平焊　d）站位立焊　e）站位仰焊

2. 保持焊枪与焊件合适的相对位置

CO₂焊焊接过程中，操作者必须使焊枪与焊件间保持合适的相对位置，主要是正确控制焊枪与焊件间的倾角和喷嘴高度。在这种位置焊接时，操作者既能方便地观察熔池，控制焊缝形状，又能可靠地保护熔池，防止出现缺陷。合适的相对位置因焊缝的空间位置和接头的形式不同而不同。

3. 保持焊枪匀速向前移动

在焊接过程中，只有保持焊枪匀速前移，才能获得满意的焊缝。通常操作者可根据焊接电流的大小、熔池的形状、焊件熔合好坏、装配间隙、钝边大小等情况，调整焊枪前移速度，力争匀速前进。

4. 保持摆幅一致的横向摆动

为了控制焊缝的宽度和保证熔合质量，CO₂焊焊枪要做横向摆动。焊枪的摆动形式及应用范围见表3-13。

表3-13　焊枪的摆动形式及应用范围

摆 动 形 式	用 　 途
←	薄板及中厚板打底焊道
wwwwww	坡口小时及中厚板打底焊道
∧∧∧∧∧∧	焊厚板第二层以后的横向摆动
ℓℓℓℓ	填角焊或多层焊时的第一层
∽∽∽∽	坡口大时
⑧　⑥⑦④⑤②③　①	焊薄板根部有间隙，坡口有钢板垫板

为了减少焊接热输入，减小热影响区，减小变形，通常不希望采用大的横向摆动来获得宽焊缝，提倡采用多层多道焊来焊接厚板。当坡口小时，如焊接打底焊缝时，可采用锯齿形较小的横向摆动，如图 3-33 所示。当坡口大时，可采用弯月形的横向摆动，如图 3-34 所示。

两侧停留0.5s左右

图 3-33　锯齿形较小的横向摆动

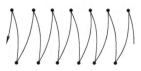

两侧停留0.5s左右

图 3-34　弯月形的横向摆动

5. 左焊法与右焊法

CO$_2$ 焊焊接时，根据焊枪的移动方向可以分为左焊法和右焊法，如图 3-35 所示。

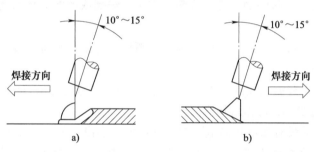

图 3-35　左焊法和右焊法

a）左焊法　b）右焊法

在采用左焊法进行焊接时，喷嘴不会挡住视线，能够很清楚地看见焊缝，不容易焊偏，而且熔池受到的电弧吹力小，能得到较大熔宽，焊缝成形美观。因此，这种焊接方法被普遍采用。采用右焊法时，熔池的可见度及气体保护效果较好，但因焊丝靠近熔池，电弧将熔池中的液态金属向后吹，容易造成余高和焊波过大，影响焊缝成形，而且焊接时喷嘴挡住了待焊的焊缝，不便于观察焊缝的间隙，容易焊偏。

二、CO$_2$焊操作技术

与焊条电弧焊相同，CO$_2$焊的基本操作技术也是引弧、收弧、接头、焊枪摆动等。由于没有焊条送进运动，焊接过程中只需控制弧长，并根据熔池情况摆动和移动焊枪，因此 CO$_2$ 焊操作比焊条电弧焊容易掌握。

CO$_2$焊不仅要熟悉其工艺，还要对焊接参数对焊缝成形的影响有透彻了解。焊接参数的调整方法，很多都是理性的东西，进行基本操作之前，每个操作者都应调好相应的焊接参数，并通过训练不断地积累经验，并能根据试焊结果逐步判断焊接参数是否适应焊接的需求。

1. 引弧

CO$_2$焊与焊条电弧焊的引弧方法稍有不同，不采用直击法或划擦法引弧，主要是碰撞引弧，但引弧时不能抬起焊枪。具体操作步骤如下：

1）引弧前先按遥控盒上的点动开关或焊枪上的控制开关，点动送出一段焊丝，焊丝伸出长度小于喷嘴与工件间应保持的距离，超长部分应剪去。若焊丝的端部呈球状，必须预先剪去，否则引弧困难。

2）将焊枪按要求（保持合适的倾角和喷嘴高度）放在引弧处，注意此时焊丝端部与焊件未接触。喷嘴高度由焊接电流决定，如果开始训练时操作不熟练，最好双手持枪。

3）按焊枪上的控制开关，焊机自动提前送气，延时接通电源，保持高电压、慢送丝的状态。当焊丝碰撞焊件引起短路后，自动引燃电弧。短路时，焊枪有自动顶起的倾向，因此引弧时要稍用力向下压住焊枪，防止因焊接短路时焊枪抬起太高、电弧太长而熄灭。

2. 焊接

引燃电弧后，通常都采用左焊法。在焊接过程中，操作者的主要任务是保持合适的倾角和喷嘴高度，沿焊接方向尽可能地均匀移动。当坡口较宽时，为保证两侧熔合良好，焊枪还要做横向摆动。

操作者必须能够根据焊接过程，判断焊接参数是否合适。操作者主要根据在焊接过程中观察到的熔池的情况、电弧的稳定性、飞溅的大小及焊缝成形的好坏来选择焊接参数。

3. 收弧

焊接结束前必须收弧，收弧不当时容易产生弧坑，并出现弧坑裂纹、气孔等缺陷。操作时可以采取以下措施：

1）若 CO₂ 焊焊机有弧坑控制电路，则焊枪在收弧处停止前进，同时接通此电路，焊接电流与电弧电压自动变小，待弧坑填满时断电。

2）若 CO₂ 焊焊机没有弧坑控制电路或因焊接电流小没有使用弧坑控制电路时，在收弧处焊枪停止前进，并在熔池未凝固时，反复断弧，引弧几次，直至弧坑填满为止。操作时动作要快，若熔池已凝固才引弧，则可能产生未熔合、气孔等缺陷。

不论采用哪种方法收弧，操作时需要特别注意，收弧时焊枪除停止前进外不能抬高喷嘴，即使弧坑已填满，电弧已熄灭，也要让焊枪在弧坑处停留几秒钟后再离开。因为熄弧后，控制电路仍保证延时送气一段时间，以保证熔池凝固时得到可靠保护。若收弧时抬高焊枪，则容易因保护不良引起缺陷。

4. 接头

CO₂ 焊不可避免地会产生接头，为保证焊接质量，可按下述步骤操作：

1）将待焊接头处用角向磨光机打磨成斜面，如图 3-36 所示。

2）在斜面顶部引弧，引燃电弧后，将电弧移至斜面底部，转一圈返回引弧处后再继续向左焊接，如图 3-37 所示。

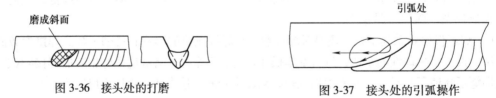

图 3-36　接头处的打磨　　　　　图 3-37　接头处的引弧操作

注意：引弧后向斜面底部移动时，要注意观察熔孔，若未形成熔孔则接头背面焊不透；若熔孔太小，则接头处背面产生缩颈；若熔孔太大，则背面焊缝太宽或焊漏。

5. 定位焊

CO₂ 焊焊接时热量较焊条电弧焊大，要求定位焊缝有足够的强度。通常定位焊缝都不磨掉，仍保留在焊缝中，焊接过程中很难全部重熔，因此应保证定位焊缝的质量。定位焊缝既要熔合好，余高又不能太高，还不能有缺陷，要求操作者像正式焊接一样焊定位焊缝。

1）中厚板对接时的定位焊缝如图 3-38 所示。焊件两端应装引弧板和引出板。

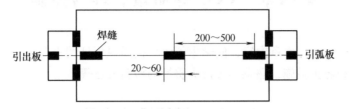

图 3-38　中厚板对接时的定位焊缝

2）薄板对接时的定位焊缝如图 3-39 所示。

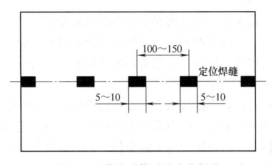

图 3-39　薄板对接时的定位焊缝

第四章　CO_2 焊质量管理与控制

学习目标：通过学习本章内容，使学生了解焊接质量保证的重要意义，掌握焊接缺陷的性质、产生原因和防止措施，熟悉焊接接头质量的检验方法等。

第一节　焊接质量管理

一、质量管理的重要性

质量是产品的核心，是保证焊接结构安全工作的重要条件。

焊接接头质量的好坏，直接影响着结构的使用寿命和安全。船舶、压力容器等焊接结构的焊接接头如果存在严重的焊接缺陷，在恶劣环境条件下，就有可能造成部分结构断裂，甚至会引起断船沉没或锅炉及压力容器爆炸的灾难性重大事故。

经验教训使人们认识到，对焊接接头进行必要的检验，是保证焊接质量、避免出现事故的一项重要措施。世界各国对船舶、压力容器等焊接结构的质量检验都极为重视，也极为严格，设有专门的组织机构负责从设计、施工到交付产品、验收各个环节的质量监督工作。

焊接质量的优劣决定于多方面的因素，诸如母材金属和焊接材料的质量，焊件坡口的加工和边缘的清理工作质量，焊件装配质量以及焊接参数、装焊工艺规程、焊接设备、焊工的技能和工作情绪等。

二、质量管理的内容

1. 焊接质量控制流程图

行业不同，对焊接质量的要求和管理也不尽相同，一般焊接生产的焊接质量控制流程如图 4-1 所示。

2. 焊接质量管理的三个阶段

为了确保焊接结构的焊接质量，必须进行三个阶段的检验，即焊前检验、焊接过程中的检验和焊后成品检验。

焊前检验是防止产生缺陷和废品的重要措施之一，必须引起足够的重视。焊前检验包括对金属材料、焊接材料的检验；坡口准备、装配质量检验；焊接工艺的评定及焊工考试鉴定等。

焊接生产过程中的检验，包括施工环境、焊接参数和规则执行情况的检验和监控，焊接工装夹具以及设备运行情况的检验等。

焊后成品检验，属于对产品质量的最终检验。其检验项目有：

1）检查焊接结构的几何形状及尺寸是否符合图样及有关规定的要求。

2）检查焊缝的外观质量及尺寸。

3）检验焊缝的表面、近表面及内部缺陷。

4）检验焊缝的承载能力及致密性。

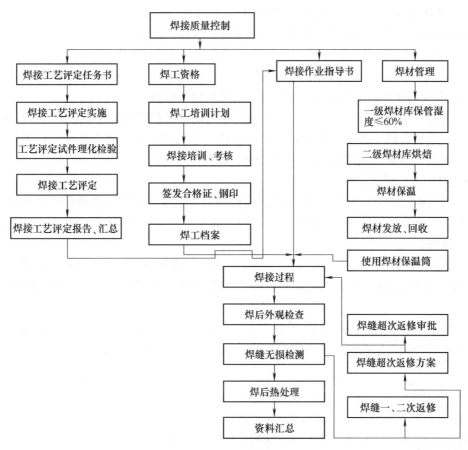

图 4-1 焊接质量控制流程图

5）检验焊接接头的物理、化学性能。

3. 焊接工艺评定

焊接工艺评定是为验证所拟订的焊接工艺的正确性而进行的试验过程及结果评价。

（1）焊接工艺评定的目的 一些重要结构件（如锅炉、压力容器），在焊接生产前必须进行焊接工艺评定，目的是：其一验证施焊单位所拟订的焊接工艺是否正确；其二评定施焊单位是否有能力焊出符合有关规程和产品技术条件所要求的焊接接头。焊接工艺评定合格后，提交"焊接工艺评定报告"，作为编制"焊接工艺规程"时的主要依据之一。

（2）焊接工艺评定条件与规则

1）焊接工艺评定的条件。材料在选用与设计前必须经过（或有可靠的依据）严格的焊接性试验。焊接工艺评定的设备、仪表与辅助机械均应处于正常工作状态，钢材与所使用的焊接材料必须符合相应的标准，并需由本单位技能熟练的焊工施焊和进行热处理。

2）焊接工艺评定的规则。评定对接焊缝焊接工艺与角焊缝焊接工艺时均可采用对接焊缝接头形式。板材对接焊缝试件评定合格的焊接工艺，适用于管材的对接焊缝；板材角焊缝试件评定合格的焊接工艺，适用于管与板的角焊缝。

凡有下列情况之一者，需要重新进行焊接工艺评定。

① 改变焊接方法。

② 新材料或施焊单位首次焊接的钢材。

③ 改变焊接材料，如焊丝、焊条、焊剂和保护气体的成分。

④ 改变坡口形式。

⑤ 改变焊接参数，如焊接电流、电弧电压、焊接速度、电源极性、焊道层数等。

⑥ 改变预热温度、层间温度、后热和焊后热处理等参数。

（3）焊接工艺评定方法　焊接工艺评定的方式是通过对焊接试板所做的力学性能试验，判断该工艺是否合格。焊接工艺评定是评定焊接工艺的正确性，而不是评定焊工技艺。因此，为减少人为因素，试件的焊接应由技术熟练的焊工担任。

（4）焊接工艺评定程序

1）统计焊接结构中应进行焊接工艺评定的所有焊接接头的类型及各项有关数据，如材料，板厚、管子直径及壁厚，焊接位置，坡口形式及尺寸等，确定出应进行焊接工艺评定的若干典型接头。

2）编制"焊接工艺指导书"或"焊接工艺评定任务书"。其内容应包括焊前准备、焊接方法、设备、焊接材料、焊接参数等的最佳选择，以及焊接的空间位置及施焊顺序等。

3）焊接试件的材质必须与所生产的结构件相同。应根据所统计的焊接接头的类型需要来确定选取哪些试件的类型及其数量。试件的基本形式如图 4-2 所示。

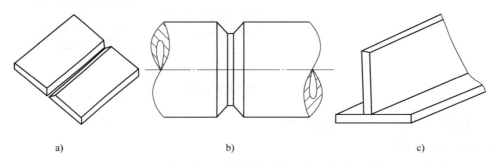

图 4-2　试件的基本形式

a）板状试件　b）管状试件　c）T 形接头试件

4）焊接工艺评定所用的焊接设备应与结构施焊时所用设备相同。要求焊机状态良好，性能稳定，调节灵活。

5）焊接工艺评定应由本单位技术熟练的焊工按所提供的焊接工艺指导书中的规定施焊。

6）焊接工艺评定试件的焊接是关键环节，除要求焊工认真操作外，还应有专人做好施焊记录，如焊接位置、焊接电流、电弧电压、焊接速度、气体流量等实际数值，以便填写"焊接工艺评定报告"表。

7）试件焊接完成即可交给性能与焊缝质量检验部门进行有关项目的检测。

常规性能检测项目包括焊缝外观检验、无损检测、力学性能检验（拉伸试验，面弯、背弯或侧弯等弯曲试验以及冲击韧度试验等）、金相检验、断口检验等。

8）各种评定试件的各项试验报告汇集之后，即可按表 4-1 编制"焊接工艺评定报告"。

表4-1　焊接工艺评定报告

编　号				日　期		年　月　日	
	相应的焊接工艺指导书编号						
焊接方法				接头形式			
工艺评定试件母材	钢板	材质		管子	材质		
		分类号			分类号		
		规格			规格		
质量证明书				复检报告编号			
焊条型号				焊条规格			
焊接位置				焊条烘干温度			
焊接参数	电弧电压/V		焊接电流/A	焊接速度/(cm/min)		焊工姓名	
						焊工钢印号	
试验结果	外观检验	射线检测	拉伸试验		弯曲试验 α=	宏观金相检验	冲击韧度试验
			R_{eL}	R_m	面弯	背弯	
报告号							
	焊接工艺评定结论						
审　批			报告编制				

　　焊接工艺评定报告中结论为"合格"，即可作为编制"焊接工艺规程"的主要依据。如果焊接工艺评定项目中的一些项目未获得通过，则需针对问题，重新修改有关焊接参数，甚至改变焊接方法、焊接材料，重新组织试验，直到获得满意的结果。所以说，合理的焊接参数及热参数是在工艺评定的试验过程中确定的，并成为编制焊接工艺规程的主要依据。

第二节　焊接质量控制与检验

　　焊接过程中，在焊接接头产生的不符合设计或工艺文件要求的缺陷称为焊接缺陷。焊接缺陷的类型很多，按其在焊缝中的位置可将缺陷分为内部缺陷和外部缺陷。外部缺陷暴露在焊缝的外表面，用肉眼或低倍放大镜就可以看到，如焊缝尺寸不合要求、咬边、弧坑、表面裂纹、表面气孔、飞溅、焊瘤等；内部缺陷位于焊缝的内部，可用无损检测或力学性能试验等方法来发现，如未焊透、未熔合、夹渣以及内部气孔、内部裂纹等。

一、缺陷形式与控制

1. 焊缝尺寸及形状不合要求

（1）表现形式　焊缝表面高低不平，焊波粗劣，焊缝宽度不一，焊缝余高过大或过小，角焊缝焊脚尺寸过大或过小，均属于焊缝尺寸及形状不合要求，如图4-3所示。这种缺陷不仅使焊缝成形不美观，还影响焊缝与母材的结合强度。

（2）产生原因

1）焊件坡口角度不当或装配间隙不均匀。

2）焊接电流过大或过小。

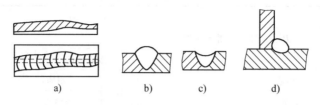

图 4-3 焊缝尺寸及形状不合要求

a) 形状不规则、不均匀 b) 余高过大 c) 余高过小 d) 尺寸不等

3）焊接速度过低、焊丝伸出过长。

4）导电嘴磨损严重而引起电弧摆动。焊丝校直不良。

（3）防止措施

1）选择正确的坡口角度及装配间隙。

2）合理选择焊接电流、焊接速度。

3）熟练掌握运丝手法及速度，并能随时适应焊件装配间隙的变化。

4）焊接角焊缝时，要保持正确的焊丝角度。

2. 气孔

气孔是焊缝金属的主要缺陷之一，它不仅削弱了焊缝的有效工作截面，还会带来应力集中，显著降低焊缝金属的强度和塑性，特别是冷弯和冲击韧度降低更多。气孔对在交变载荷下工作的焊接结构尤为不利，它会显著降低焊缝的疲劳强度。过大的气孔还会破坏焊缝金属的致密性。

（1）表现形式　气孔是指在焊接时熔池中的气泡在熔池冷却凝固时未能逸出而残留下来所形成的空穴，如图 4-4 所示。根据气孔产生部位，可分为表面气孔和内部气孔；根据气孔在焊缝中的分布情况，可分为单个气孔、连续气孔和密集气孔；按气孔的形状，可分为球状气孔、椭圆形状气孔、条虫状气孔、针状气孔

图 4-4 气孔

和漩涡状气孔；按形成气孔的气体种类，可分为氢气孔、氮气孔和一氧化碳气孔。

（2）产生原因

1）保护气体覆盖不足，气体纯度太低。

2）焊丝表面有滑石粉、润滑剂等。

3）焊件表面及坡口处有油污、铁锈、水分。

4）电弧电压太高。

5）喷嘴与工件距离太远。

（3）防止措施

1）增加气体流量，清除喷嘴内的飞溅物，提高气体纯度。

2）清除焊丝上的润滑剂及滑石粉。

3）清除焊件上的油、锈等杂物。

4）减小电弧电压。

5）减小焊丝的伸出长度，减小工件到喷嘴的距离。

3. 咬边

（1）表现形式　咬边就是沿焊趾的母材部位产生的沟槽或凹陷，如图 4-5 所示。咬边会增大局部应力值，促使沟槽底端局部出现屈服现象。咬边深度与疲劳强度有关系，咬边越深，疲劳强度降低越多，咬边还会加速局部腐蚀。

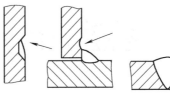

图 4-5　咬边

（2）产生原因

1）焊接速度太高。

2）电弧电压太高。

3）焊接电流过大。

4）在熔池边缘停留时间不足。

5）焊枪角度不正确。

（3）防止措施

1）采用合适的焊接速度。

2）降低电弧电压。

3）选择正确的焊接参数。

4）增加在熔池边缘停留时间。

5）改变焊枪角度，使电弧力推动金属流动。

4. 飞溅

（1）表现形式　焊接过程中，从熔池喷射出来的小金属颗粒黏附在基体金属或焊缝金属上称为飞溅。飞溅不仅影响焊缝表面的质量，还会造成表面裂纹，导致结构的破坏，影响到整个焊缝的质量。

（2）产生原因

1）电弧电压过低或过高。

2）焊丝与工件清理不良。

3）运丝速度不均匀。

4）焊机动特性不合适。

5）导电嘴磨损。

（3）防止措施

1）根据焊接电流调节电弧电压。

2）清理焊丝和坡口。

3）检查送丝轮和送丝软管，保证送丝速度均匀。

4）调节焊接电流和电弧电压配合。

5）更换导电嘴。

5. 焊瘤

（1）表现形式　焊接时熔化金属流淌到焊缝之外未熔化的母材上所形成的金属瘤称为焊瘤，如图 4-6 所示。在立焊、横焊和仰焊时常常容易产生焊瘤，它不仅影响焊缝的成形、造成液态金属的流失，还容易造成夹渣和未焊透等缺陷。

（2）产生原因

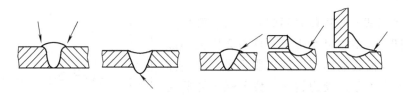

图 4-6 焊瘤

1）焊接电流太大或焊接速度太慢。

2）操作不熟练以及运丝不当。

3）电弧电压过高或焊丝伸出过长。

（3）防止措施

1）掌握熟练的焊接操作技术。

2）立焊、横焊、仰焊时严格控制熔池温度。

3）短弧操作并保持均匀运丝。

6. 烧穿

（1）表现形式　在焊接过程中，熔化金属从焊件或坡口背面流出，形成穿孔的缺陷称为烧穿，如图 4-7 所示。对船体等焊接结构来说，要保证一定的密封性，在焊缝中绝不允许有烧穿的缺陷产生。

（2）产生原因

1）金属薄板焊接时，焊接电流过大。

2）金属薄板焊接时，焊接速度过慢。

3）焊件坡口的钝边太小或间隙过大。

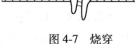

图 4-7 烧穿

（3）防止措施

1）正确选择焊接电流和焊接速度。

2）选用合适的坡口形式及尺寸。

3）严格控制焊件的间隙。

7. 裂纹

裂纹是焊接结构中危险性最大的缺陷之一。它不但会减少焊缝的有效截面，而且裂纹的端部应力高度集中，极易扩散导致整个结构的破坏，造成灾害性事故。因此，在鉴定一种新的金属材料和焊接材料时，也常把材料形成裂纹倾向的大小，作为判断材料焊接性好坏的一个重要标志。

（1）表现形式　焊接裂纹是指在焊接应力及其他致脆性因素共同作用下，焊接接头中局部区域的金属原子结合力遭到破坏，在形成新界面时产生的缝隙。裂纹一般具有尖锐的缺口和大的长宽比的特征。

裂纹会出现在焊缝或热影响区中，它可能位于焊缝的表面，也可能存在于焊缝的内部。按照检测的方法，可将裂纹分为宏观裂纹和微观裂纹；按照与焊缝中心线的相对位置，可分为纵向裂纹和横向裂纹；按照裂纹存在的部位，又可分为弧坑裂纹、焊根裂纹、焊趾裂纹、焊道下裂纹及层状撕裂等，如图 4-8 所示。按照裂纹的形成范围和原因，还可分为热裂纹、冷裂纹和再热裂纹。

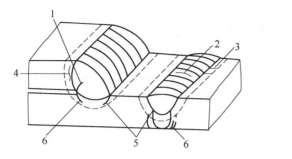

图 4-8　各种裂纹的分布情况

1—焊缝纵裂纹　2—焊缝横裂纹　3—热影响区裂纹　4—焊道下裂纹　5—焊趾裂纹　6—焊根裂纹

（2）产生原因

1）焊缝深宽比太大。

2）焊道太窄。

3）焊缝末端冷却快。

（3）防止措施

1）增大电弧电压，减小焊接电流。

2）减慢焊接速度。

3）适当填充弧坑。

8. 夹渣

（1）表现形式　焊后残留在焊缝中的熔渣称为夹渣，如图 4-9 所示。夹渣也是焊缝中常见的一种缺陷，大多出现在多层多道焊的焊道之间。夹渣的存在减少了焊缝的有效工作截面，降低了焊缝金属的力学性能，同时还会引起应力集中，导致焊接结构的破坏。尺寸过大的夹渣还会降低焊缝的致密性。

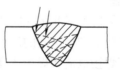

图 4-9　夹渣

（2）产生原因

1）焊件边缘有气割或碳弧气刨残存的氧化皮。

2）多层焊时没有认真清理焊层间的焊渣。

3）焊接速度和运丝速度不当，造成熔渣混在液态金属之中未及时排出。

4）焊枪摆动过大。

（3）防止措施

1）认真清理坡口边缘。

2）多层焊时要认真清理每一层焊缝的焊渣。

3）正确选择坡口形式及尺寸，选用合适的焊接电流、焊接速度和运丝方法。

4）焊接摆动速度均匀。

9. 弧坑

（1）表现形式　弧坑是指焊道末端形成的低于母材或余高的低洼部分，如图 4-10 所示。它会削弱焊缝的有效截面，降低焊缝的承载能力，在有杂质集中的情况下会导致生成弧坑裂纹。

（2）产生原因

1）焊接收尾时收弧方式不当或焊接过程突然中断。

2）焊接薄板时焊接电流过大。

（3）防止措施

1）收弧时焊丝应做短时间停留或采用划圈收弧、回移收弧等方法。

2）选择正确的焊接电流。

图 4-10　弧坑

10. 未焊透

（1）表现形式　未焊透是指焊接时焊接接头根部未完全熔透的现象，如图 4-11 所示。未焊透缺陷会使焊缝出现间断或突变部位，导致焊缝强度大大降低甚至引起裂纹。

（2）产生原因

1）焊件装配间隙或坡口角度太小、钝边太厚。

2）焊件坡口边缘锈蚀严重。

3）焊丝直径过大或焊接电流太小，且焊接速度快。

图 4-11　未焊透

4）焊丝伸出过长、热输入不合适、极性不正确等。

（3）防止措施

1）正确选定坡口形式和装配间隙。

2）做好坡口两侧和焊层间的清理工作。

3）合理选用焊接电流和焊接速度。

4）运丝时，随时注意调整焊枪角度，使熔化金属与基体金属间能均匀地加热和熔合。

11. 未熔合

（1）表现形式　未熔合是指焊接时焊道与母材、焊道与焊道之间未完全熔化结合而形成的"假焊"现象，如图 4-12 所示。未熔合与未焊透一样，是一种比较危险的缺陷。由于存在此缺陷，焊缝会出现间断或突变部位，使焊缝强度大大降低甚至引起裂纹。

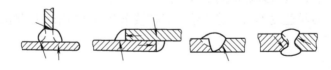

图 4-12　未熔合

（2）产生原因

1）焊缝区有氧化皮和锈渍。

2）热输入不足，焊件边缘加热不充分。

3）焊接熔池太大，焊件表面有氧化皮或前一焊道中有残存的焊渣。

4）焊接技术不高。

（3）防止措施

1）仔细清理氧化皮和锈渍。

2）提高送丝速度和电弧电压，减慢焊接速度。

3）采用摆动技术时，应在靠近坡口面的边缘做适当停留。

4）坡口角度应足够大，以便减小焊丝伸出长度，使电弧直接加热熔池底部。

二、焊接质量检验

在焊接结构中，对接焊缝和角焊缝所占的比例较大，是焊接结构的主要焊缝。根据不同的工作条件，对焊件分别有不同的强度和密封性要求。因此，应利用不同方法检验各种具体接头的焊接结构质量。

焊接结构的焊接质量检验方法，一般分为无损检验和破坏性检验两大类。焊接检验方法分类如图 4-13 所示。

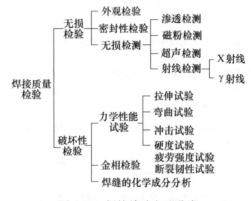

图 4-13　焊接检验方法分类

1. 无损检验

（1）外观检验　外观检验是一种常用的比较简便的焊缝质量检验方法，目的在于发现裂纹、气孔、咬边、夹渣、弧坑、焊瘤、飞溅、弧伤及焊缝形状及尺寸不合要求等暴露在焊缝表面的缺陷。

焊接结构的焊缝表面质量检验标准见表 4-2。

表 4-2　焊接结构的焊缝表面质量检验标准

检查项目		技术要求	备注
焊缝外形偏差	余高 h	1. 当板厚≤10mm 时，h 值为 0～3.5mm 2. 当板厚>10mm 时，h 值为 0～4.5mm 3. 在 25mm 焊缝长度上，其余高之差，不应超过 2mm	焊缝外形应光顺、均匀。焊道与焊道、焊道与基本金属之间应平缓地过渡，不得有截面的突然变化
	焊缝宽度 b	1. 焊缝在接头每边的覆盖宽度以不小于 2mm 为宜 2. 在 100mm 焊段内，其焊缝宽度差应不超过 5mm	
	侧面角 Q	$Q<90°$	
	允许焊脚尺寸 K	$K≥0.9K_8$；K_8 为规定焊脚尺寸	间断角焊缝的 L 和 e 值不得小于图样规定的长度

（续）

检 查 项 目		技 术 要 求	备 注
表面焊接缺陷	裂纹、夹渣、未填满的弧坑、未熔合、焊穿	不允许存在	应予修正
	焊瘤	不得高于2mm	超过规定值应予修正
	咬边	1. 重要部位的对接焊缝：当板厚≤6mm时，连续长度>100mm的咬边深度应≤0.3mm，局部允许≤0.5mm；当板厚>6mm时，连续长度>100mm的咬边深度应≤0.5mm，局部允许≤0.8mm 2. 其他部位的对接焊缝和角接焊缝：当板厚≤6mm时，咬边深度应≤0.5mm；当板厚>6mm时，咬边深度应≤0.8mm	重要部位系指承受载荷结构件（如起重机吊架、上层建筑外板、船体外板等）
	气孔	1. 重要部位的对接焊缝和要求水密的焊缝，不允许有表面气孔 2. 其他部位的焊缝，在1m范围内，只允许有2个。当构件的板厚≤10mm时，气孔最大允许直径为1mm；当板厚>10mm时，气孔最大允许直径为1.5mm	
飞溅的清理		1. 重要部位焊缝及焊缝周围的明显飞溅金属应全部清除干净 2. 其他内部焊缝，在100mm长度上，直径大于1.5mm的明显飞溅不得多于5个	
包角焊缝		1. 凡构件的角焊缝，在遇到构件切口处及构件的末端，均应有良好的包角焊缝 2. 包角焊缝包角长度须大于50mm，焊脚尺寸不得小于设计焊脚尺寸	包角焊缝不应有脱焊、未填满的弧坑等焊接缺陷

（2）无损检测

1）渗透检测。渗透检测是无损检测技术中最简便而又有效的一种常用检测手段，利用渗透剂的渗透作用，显示缺陷痕迹的无损检测法。根据渗透剂的种类可分为荧光法和着色法。

检测时，将某些渗透性很强的渗透剂涂刷在焊缝表面。当渗透剂渗入缺陷以后，除去焊缝上多余的渗透剂，再涂上显像剂。经过一段时间，显像剂能呈现出彩色鲜明的缺陷形状图像。从图像中可以看出缺陷的位置、大小及其严重程度，从而判定焊接接头的表面质量。渗透检测具有显示灵敏、结论迅速、重复性和直观性好的独特优点。图4-14所示是检验人员在用渗透检测法进行检测，主要用于钢制压力容器的C类和D类焊缝、船舶轴系、螺旋桨和其他构件的表面检测。

图4-14 渗透检测法

2）磁粉检测。磁粉检测是利用在强磁场中，铁磁性的材料表层缺陷产生漏磁场的现象，而进行的一种无损检测法。磁粉检测一般分为湿粉法和干粉法两种。

检测时，设法让某种磁力线透过待检部位，当焊缝表面或近表面无缺陷时，磁力线平行通过，焊件表面磁粉分布呈一定规律，无突变现象。当焊缝表面有裂纹等缺陷时，磁力线就会绕过磁阻大的缺陷而发生弯曲，形成漏磁场，铁粉则由于漏磁场的作用而在缺陷上堆积并且显示出缺陷的形状。根据磁痕在处于磁场中的焊接接头上的分布特征，检验焊件表面微裂纹和近表面缺陷。磁粉检测具有灵敏度高、操作简单、结果可靠、重复性好、缺陷容易辨认等优点。图 4-15 所示是一台半自动磁粉探伤机，可用于检测石油管道焊接接头。

3）超声检测。超声检测是把频率超过 $2×10^4$ Hz 的超声波透入金属内部，利用超声波由一种介质进入另一介质时，在界面间会产生反射波束的特性来发现焊缝中的内部缺陷，如内部裂纹、气孔、夹渣和未焊透等。

超声检测时，探头不断地在焊缝两侧的焊件表面移动，声波经探头进入焊件内部。在无缺陷时，探伤仪的荧光屏上只有始波 A 与底纹 B。当探头移到缺陷部位时，

图 4-15　半自动磁粉探伤机

声波传播介质发生了变化，产生反射波束，此时荧光屏上就出现始波 A 与缺陷波 F 的脉冲波形，根据脉冲波形和正常波形的鉴别比较，便可判断出缺陷的位置和大小。超声检测检测距离大、灵敏度高，检测装置体积小、质量轻、便于携带到现场检测，检测速度快，而且检测中只消耗耦合剂和磨损探头，总的检测费用较低，目前实际工作中应用得很普遍。图 4-16 所示是检验人员在生产现场对管材进行超声检测。

4）射线检测。射线检测分为 X 射线检测、γ 射线检测、高能射线检测和中子射线检测。射线检测是利用射线可穿透物质（主要是金属）并且在物质中的衰减和使胶片感光的特性来发现缺陷的一种检测方法。

射线能使胶片感光或激发某些材料发出荧光。射线在穿透物体过程中按一定的规律衰减，利用衰减程度与射线感光或激发荧光的关系可检查物体内部的缺陷。检测作业时，应遵守有关安全操作规程，采取必要的防护措施。

船体、压力容器等重要结构的焊缝主要采用 X 射线检测方法，利用射线照出的底片可以判别焊接接头内部的各种缺陷，如裂纹、气孔、未焊透和夹渣等。

图 4-16　现场超声检测

焊接部位由于有余高，射线衰减量大，在底片上均呈较浅颜色；有焊接缺陷的部位，由于缺陷对射线的衰减量小，底片感光最短，底片上呈现不同的黑色影像。了解各种焊接缺陷在底片上呈现的不同影像，学会识别各种缺陷的影像特征，将有助于我们确定缺陷位置，更好地做好缺陷的修补工作。

① 裂纹在底片上一般呈曲折（或直线）的黑色线条，影像轮廓线较为分明，线段中部较宽、较暗，两头尖且色较淡。

② 未焊透在底片上一般呈直线或断续的黑线条影像，宽度同坡口间隙一致，颜色深浅

不均。层间未焊透和边缘未焊透，有时也呈条状和块状且较暗的黑色影像。

③ 夹渣在底片上呈不同形状的点状和条状影像，有时也单个存在，其形态为球状和块状，外观不规则，带有棱角且黑度较均匀。夹渣有时也呈链状。

④ 气孔在底片上都是单个存在，有时也以密集和链状存在。在底片上常呈圆形黑色影像。

一般来说，底片上呈现较黑的斑点和条纹部位，其接头的相应位置多存在焊接缺陷。图 4-17 所示是射线检测时起防护作用的铅箱。图 4-18 所示是经射线检测反映到胶片上的缺陷影像。

图 4-17　射线检测铅箱

（3）密封性检验　用水压试验来检验受压容器的强度和焊缝的致密性，一般是超载检验，试验压力为工作压力的 1.25~1.5 倍。图 4-19 所示是生产现场对锅炉进行水压试验。

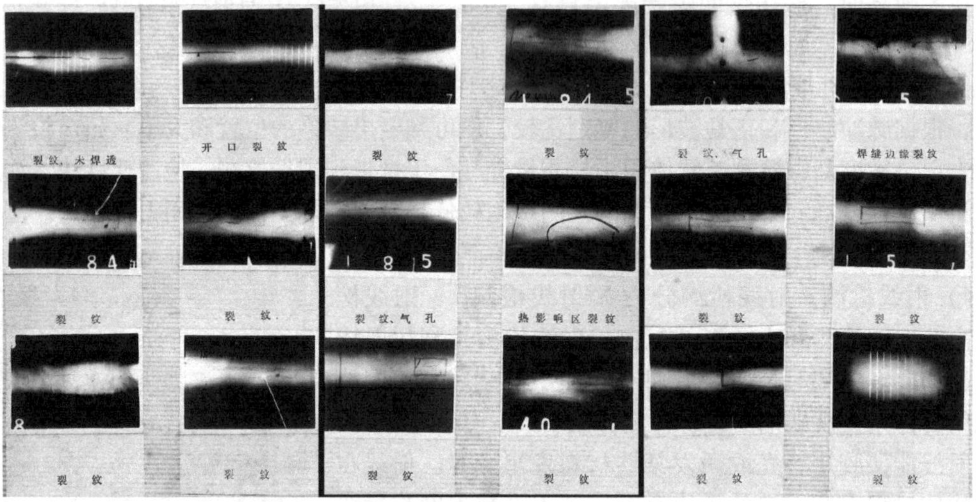

图 4-18　缺陷影像

图 4-19　锅炉水压试验

几种无损检测方法的比较见表4-3。

表4-3 几种无损检测方法的比较

检测方法	能检测出的缺陷	可检测的厚度	灵 敏 度	判断方法	备 注
渗透检测	贯穿表面的缺陷（如微细裂纹、气孔等）	表面	缺陷宽度小于0.01mm、深度小于0.03mm者检测不出	直接根据渗透剂在显像剂上的分布，确定缺陷位置，缺陷深度不能确定	焊接接头表面一般不需加工，有时需打磨加工
磁粉检测	表面及近表面的缺陷（如微细裂纹、未焊透、气孔等）。被检测表面最好与磁场正交	表面及近表面	比荧光法高；与磁场强度大小及磁粉质量有关	直接根据磁粉分布情况判定缺陷位置。缺陷深度不能确定	1. 同上 2. 限于母材及焊缝金属，均为磁性材料
超声检测	内部缺陷（裂纹、未焊透、气孔及夹渣）	焊件厚度上限几乎不受限制，下限一般为8～10mm	能检测出直径1mm以上的气孔、夹渣。探测裂纹较灵敏，探测表面及近表面的缺陷较不灵敏	根据荧光屏上信号的指示，可判断有无缺陷及其位置和其大致的大小，判断缺陷的种类较难	检验部位的表面需加工
X射线检测	内部裂纹、气孔未焊透、夹渣等缺陷	50kV 0.1～0.6mm 100kV 1～5mm 150kV ≤25mm 250kV ≤60mm	能检验出尺寸大于焊缝厚度1%～2%的缺陷	从照相底片上能直接判断缺陷种类、大小和分布；对裂纹检验不如超声波灵敏度高	焊接接头表面不需加工；正反两个面都必须是可接近的（如无金属飞溅粘连及明显的不平整）
γ射线检测		镭 60～150mm 钴60 60～150mm 铱192 1～65mm	较X射线检测低，一般约为焊缝厚度的3%		
高能射线检测		1MV 静电加速器25～130mm 2MV 静电加速器25～230mm 24MV 电子感应加速器60～600mm	较X射线及γ射线检测高，一般可达到小于焊缝厚度的1%		

2. 破坏性检验

破坏性检验就是用机械方法在焊接接头上截取一部分金属，加工成规定的形状和尺寸，然后在专门的设备和仪器上进行破坏性试验，依据试验结果了解焊接接头的性能及内部缺陷情况，来判断焊接工艺的正确与否。破坏性检验有金相检验、力学性能试验和焊缝的化学成分分析等。

（1）金相检验 这是一种用来检查焊接接头及母材的组织特性及确定内部缺陷的检验方法，分为宏观检验和微观检验两种。

（2）力学性能试验

1）拉伸试验。一般分为板状试样、圆棒试样和整管试样3种。焊接质量检验中常采用焊接接头抗拉强度试验来检验焊缝金属、熔合区、热影响区和母材的材料强度及塑性。有时还要求测定焊缝金属的伸长率，以鉴定焊接材料的性能，这时需做熔敷金属的圆棒抗拉强度试验。

2）弯曲试验。其目的是测定焊接接头的塑性，并可反映出焊接接头各区域塑性的差别；考核熔合区的熔合质量和暴露焊接缺陷。弯曲试验分正弯、背弯和侧弯3种，可根据产品的技术及性能要求选定。背弯易于发现焊缝根部缺陷，侧弯能检验焊层与母材之间的结合强度。

3）冲击试验。用来测定焊接接头的冲击韧度以及脆性转变温度。根据产品的使用要求在不同的试验温度下进行冲击试验。焊接接头的冲击试验可根据产品的不同需要在焊接接头的不同部位和不同方向取样，试样缺口有 V 形和 U 形两种。

4）硬度试验。可以检验焊接接头各部位的硬度分布情况，了解区域偏析和近缝区的淬硬倾向。由于热影响区最高硬度与焊接性之间有一定的联系，故硬度试验的结果，还可作为选择焊接工艺时的参考。

5）疲劳强度试验。用来测定焊接接头在交变载荷下的强度。疲劳强度常以一定交变载荷作用下断裂时的应力和循环次数 N 来表示。疲劳强度试验根据受力不同分为拉压、弯曲疲劳和冲击疲劳试验等。

6）断裂韧性试验。用具有裂纹的试样来测定材料抵抗裂纹产生和扩展能力的一种试验方法。

（3）焊缝的化学成分分析　焊缝的化学成分分析用来检验焊缝金属的化学成分。检验样品应从焊缝金属或堆焊层上选取，样品不应有锈和油污，同时要注意选取部位。

第五章 劳动保护及安全检查

学习目标：通过学习本章内容，使学生熟悉焊工安全操作规程、个人防护相关知识，掌握焊接生产中的安全技术和清洁生产，能够在焊接操作过程中做好个人防护进行安全生产。

第一节 安全操作规程

一、安全工作的一般要求

焊接属于特种作业，倘若违章操作，则对操作者本人、他人和周围设施的安全有重大的危害。为了加强特种作业人员的安全技术培训、考核和管理，实现安全生产，提高经济效益，从事焊接作业人员必须进行安全教育和安全技术培训，取得相关操作证方可上岗独立作业。

焊接作业中要经常与电气设备、易燃易爆物质、压力容器等接触，如果安全保护措施不当或工作疏忽，很容易引发事故。焊接过程中如不严格遵守安全操作规程，很可能发生触电、火灾、烫伤、中毒甚至爆炸事故。为了保障操作者的安全，改善卫生条件，防止工伤事故和减少经济损失，每名操作者都必须牢固树立安全第一的思想，掌握安全防护知识，自觉遵守安全操作规程，避免各类事故的发生。

焊接生产作业结束后，应仔细检查焊接场地及周围，确认没有事故隐患后方可离开现场。焊接车间、场地必须备有消防设备，如消防栓、沙箱或其他灭火器材等，并且要有明显的标识，如图 5-1 所示。

图 5-1 消防器材标识

二、安全用电

1. 电流对人体的危害

电流对人体的危害主要有电击、电伤和电磁场生理伤害三种。

（1）电击 电流通过人体内部，破坏心脏、肺部或神经系统的功能称为电击，通常称触电。

（2）电伤 人体被接通电流加热的工件或加热工件的火花飞溅所引起的烧伤称为电伤。

（3）电磁场生理伤害　在高频电磁场的作用下，使人出现头晕、乏力、记忆力减退、失眠多梦等神经系统的伤害称为电磁场生理伤害。

2. 用电的安全知识

焊机的安全使用在于防止设备损坏和预防触电。焊接过程中工作场地所有网路电压为 380V 或 220V，焊机的空载电压一般都为 60V 左右。当通过人体的电流超过 0.05A 时就会有生命危险，0.1A 电流通过人体时只要 1s 就会致命。流过人体的电流不但取决于线路电压，而且与人体电阻有关。人体电阻包括自身电阻和人身上的衣服、鞋子等附加电阻。干燥的衣服、鞋子及场地会使人体电阻增加；自身电阻与人的精神、疲劳状态有关。人体电阻一般在 800~5000Ω 之间变化，当人体电阻降至 800Ω 时，40V 电压就会有生命危险。因此，焊机的电源电压、二次空载电压（70V 以上）都远远超过了安全电压（36V），如果设备漏电，就很有可能造成触电事故。因此，焊工应注意安全用电，掌握电器安全使用相关技术。电气安全要求见表 5-1。

表 5-1　电气安全要求

焊接方法	安全技术要点
电弧焊、气体保护焊、电子束焊、等离子弧焊及等离子弧切割	1. 外壳应接地，绝缘应完好，各接线点应紧固可靠。焊炬、割炬和电缆等必须良好 2. 焊接空载电压不能太高。一般弧焊电源：直流≤100V，交流≤80V。等离子弧切割电流空载电压高达 400V，应尽量采用自动切割，并加强防触电措施 3. 焊接带电的裸露部分和转动部分必须有安全保护罩 4. 用高频引弧或稳弧时应对电缆进行屏蔽。电子束焊设备还应做到： 1）电压≥204V 时，应有铅屏防护或进行遥控操作 2）定期检查设备的放射性（≤5.16×10^{-7}C/kg）
压焊	1. 焊机及控制箱必须可靠接地 2. 由于控制箱内某些元件电压可达 650V 左右，所以检查时要特别小心，工作时应关闭焊机门 3. 要采取措施，防止焊接时金属飞溅灼伤工人和引起火灾

3. 防止触电的安全措施

1）焊接作业前，应先检查焊机和所使用的工具是否安全，特别应检查焊机外壳接地、接零是否安全可靠。

2）焊机接通电源后，人体不能接触带电部位。

3）应经常检查焊接电缆，保证电缆有良好的绝缘性。如果发现电缆损坏，应立即进行修理或更换。

4）经常检查电焊钳，使其具有良好的绝缘和隔热能力。

5）做好个人防护。焊接操作时，应按劳动保护要求穿好工作服、焊工防护鞋，戴焊工手套，并保持干燥和清洁。

6）特殊情况下（如夏天身体大量出汗、衣服潮湿等）工作时，切勿将身体依靠在带电的工作台、焊件上或接触焊钳的带电部位。在潮湿的环境焊接时，应在脚下垫干燥的木板或橡胶板，以保证绝缘。

7）在夜间或较暗处工作需使用照明灯时，其电压不应超过 36V。

8）下班以后，电焊机必须拉闸断电，以防止触电、发生意外、发生火灾。

9）焊机的安装、修理和检查应由电工负责，焊工不得擅自拆修。

10）改变焊机接头，移动工作地点，根据焊接需要改接二次线路，检修焊机的故障和更换熔丝时，必须切断电源。

图 5-2 所示是用电安全标识图及车间防止触电的安全宣传栏。

图 5-2　用电安全与宣传

三、有害气体和焊接烟尘

1. 有害气体

CO_2 焊过程中，在电弧的高温和强烈的紫外线作用下，形成的有害气体主要有一氧化碳、二氧化碳、氮氧化物和臭氧等。

（1）一氧化碳（CO）　CO_2 焊过程中，CO 的来源主要有两种：一是由于 CO_2 在高温电弧作用下分解而产生的；二是由于 CO_2 与熔化的金属元素发生反应形成的，化学反应式如下：

$$CO_2 \xrightleftharpoons{\text{（高温）}} CO\uparrow + O$$
$$Fe + CO_2 \rightleftharpoons FeO + CO\uparrow$$
$$Si + 2CO_2 \rightleftharpoons SiO_2 + 2CO\uparrow$$
$$Mn + CO_2 \rightleftharpoons MnO + CO\uparrow$$

CO 是有毒气体，由呼吸道进入体内，经肺泡吸收进入血液，与血红蛋白结合成碳氧血红蛋白，能阻碍血液携氧能力，使人体组织缺氧形成一氧化碳中毒。CO 最高容许浓度为 $30mg/m^3$，它比空气轻，存在于焊接现场的上方。

（2）二氧化碳（CO_2）　二氧化碳是 CO_2 焊的保护气体，人吸入过量的 CO_2 气体后，可使受害者的眼睛和呼吸系统受刺激，严重者可出现知觉障碍、呼吸困难、肺水肿，直至窒息死亡。目前对 CO_2 最高容许浓度尚未进行规定，国外一些国家规定为 $9000mg/m^3$，CO_2 比空气重，常积存于焊接现场的下方。

（3）氮氧化物（NO、NO₂）　由于焊接高温的作用，引起空气中的氮氧分子离解，重新结合形成氮氧化物，其中主要是二氧化氮（NO₂）。氮氧化物是有刺激性的有毒气体，能引起呼吸困难、咳嗽剧烈、全身瘫软。高浓度的二氧化氮（NO₂）吸入肺泡后，由于肺泡内湿度大，反应加快，进入体内的二氧化氮约 80% 阻留在肺泡内，逐渐与水反应生成硝酸或亚硝酸。二氧化氮（NO₂）最高容许浓度为 $5mg/m^3$，它比空气重，常积存于焊接现场的下方。

（4）臭氧（O₃）　空气中的氧，在 CO_2 焊短波紫外线的激发下，发生光化学作用而产生臭氧（O₃）。臭氧是一种淡蓝色的有毒气体，当浓度超过允许值时，往往引起咳嗽、乏力、头晕、胸闷、全身酸痛，严重时可引起支气管炎。臭氧（O₃）最高允许浓度为 $0.3mg/m^3$，它比空气重，常积存在焊接现场的下方。

2. 焊接烟尘

（1）焊接烟尘的形成　焊接烟尘是烟与粉尘的统称，其直径小于 $\phi0.1\mu m$ 的称为烟，直径在 $0.1\sim10\mu m$ 之间的称为粉尘。焊接烟尘中成分很复杂，当焊接黑色金属时，烟尘的主要成分是 Fe、Si、Mn 等金属及其化合物。

焊接烟尘主要来源于焊接过程的金属蒸发，其次是在焊接电弧的高温作用下，CO_2 焊电弧区域内液态金属与氧发生氧化反应而生成的金属氧化物，扩散到作业现场就组成了混合烟尘。

（2）焊接烟尘的危害　焊工长期接触焊接烟尘，如果防护不良，吸进过多的烟尘，将引起恶心、头痛、肺炎、气管炎，严重的会患有焊工尘肺、锰中毒和金属热等疾病。CO_2 焊焊接发尘量及主要有毒物见表 5-2。

表 5-2　CO_2 焊焊接发尘量及主要有毒物

焊接工艺	焊接发尘量/(g/kg)	烟尘中主要有毒物	备注
药芯焊丝 CO_2 焊	$11\sim13$	Mn	焊接发尘量与焊接电流无关
实心焊丝 CO_2 焊	8	Mn	

1）焊工尘肺。焊工长期吸入高浓度的焊接烟尘，会引起肺部弥漫性、进行性纤维化为主的全身性疾病。焊工尘肺发病一般比较缓慢，多在接触焊接烟尘后的 10 年，甚至以上才出现焊工尘肺病症状。主要有咳嗽、气短、胸闷和胸痛等症状，部分焊工尘肺患者呈现全身无力、食欲减退、体重减轻及神经衰弱等症状。

2）锰中毒。焊工进行 CO_2 焊操作时，呼吸道是吸收锰的主要途径，焊接过程的锰蒸气在空气中很快地被氧化成 MnO 和 Mn_3O_4 烟雾，长期吸入超过标准浓度的锰及其化合物的烟尘，就会引起锰中毒。

锰的烟尘直径很小、分散度很大，能迅速扩散。所以，在露天或通风良好的焊接现场，不容易形成高浓度状态的锰烟尘。当焊工长期在容器及管道内施焊时，若防护措施未采取好，则有可能发生锰中毒。

锰的烟尘主要作用于焊工末梢神经系统和中枢神经系统，并能引起严重的器质性病变。锰中毒发病缓慢，潜伏期一般为2年以上。慢性中毒是锰中毒的发病特点，早期症状表现为疲劳、头晕、头痛、瞌睡、记忆力减退以及自主神经功能紊乱，舌头、眼睑和手指细微震颤，转身、下蹲有些困难等。焊接现场空气中锰的最高允许浓度，相关卫生标准规定为$0.2mg/m^3$。

3）焊工金属热。CO_2焊过程中，大量直径为$0.05\sim0.5\mu m$的氧化铁、氧化锰微粒及其他氧化物通过呼吸道进入人体末梢细支气管和肺泡，从而引起焊工金属热反应病症。焊工金属热主要症状是工作后发热、继而寒颤、身体倍感倦怠、口内有金属味、恶心、喉痒、呼吸困难、胸痛、食欲不振等。

四、防火、防爆

1. 焊接现场发生爆炸的可能性

爆炸是指物质在瞬间以机械功的形式，释放出大量气体和能量的现象。焊接时可能发生爆炸的情况有以下几种：

（1）可燃气体的爆炸　工业上大量使用的可燃气体，如乙炔（C_2H_2）、天然气（CH_4）等，与氧气或空气均匀混合达到一定限度，遇到火源便发生爆炸。这个限度称为爆炸极限，常用可燃气体在混合物中所占体积百分比来表示。例如：乙炔与空气混合爆炸极限为2.2%~81%；乙炔与氧气混合爆炸极限为2.8%~93%；丙烷和丁烷与空气混合爆炸极限分别为2.1%~9.5%和1.55%~8.4%。

（2）可燃液体或可燃液体蒸气的爆炸　在焊接场地或附近放有可燃液体时，可燃液体或可燃液体的蒸气达到一定浓度，遇到电焊火花即会发生爆炸（例如汽油蒸气与空气混合，其爆炸极限仅为0.7%~6.0%）。

（3）可燃粉尘的爆炸　可燃粉尘（例如镁、铝、纤维素粉尘等）悬浮于空气中，达到一定浓度范围，遇火源（例如电焊火花）也会发生爆炸。

（4）焊接直接使用可燃气体的爆炸　例如使用乙炔发生器，在加料、换料（电石含磷过多或碰撞产生火花）以及操作不当而产生回火时，均会发生爆炸。

（5）密闭容器的爆炸　对密闭容器或正在受压的容器进行焊接时，如不采取适当措施，也会发生爆炸。

2. 防火、防爆措施

1）焊接场地禁止存放易燃、易爆物品，场地内应备有消防器材（如灭火器），保证足够的照明和良好的通风。

2）焊接场地10m内不应储存油类或其他易燃、易爆物品的储存器皿或管线、氧气瓶。

3）对受压容器、密闭容器、各种油桶和管道、沾有可燃物质的工件进行焊接时，必须事先进行检查，并经过冲洗除掉有毒、有害、易燃和易爆物质，解除容器及管道压力，消除容器密闭状态后，再进行焊接。

4）焊接密闭空心工件时，必须留有出气孔。焊接管子时，两端不准堵塞。

5）在有易燃、易爆物的车间、场所或煤气管、乙炔管（瓶）附近焊接时，必须取得消防部门的同意。操作时采取严密措施，防止火星飞溅引起火灾。

6）焊工不准在木板、木砖地上进行焊接操作。

7）焊工不准在把手或接地线裸露情况下进行焊接，也不准将二次回路线乱接、乱搭。

8）气焊气割时，要使用合格的电石、乙炔发生器及回火保险器。压力表（乙炔、氧气）要定期校验，还要应用合格的橡胶软管。

9）离开施焊现场时，应关闭气源、电源，将火种熄灭。

五、弧光辐射

焊接弧光辐射源主要包括紫外线、红外线和可见光。它们是由物体加热而产生的，属于热谱线。

1. 紫外线

适量的紫外线对人体健康是有益的，但焊接电弧产生的强烈紫外线的过度照射，对人体健康有一定的危害。紫外线主要会对人体的皮肤和眼睛造成损害。

（1）对皮肤的作用　不同波长的紫外线能被皮肤的不同深度组织所吸收，皮肤受强烈紫外线的作用时可引起皮炎，如弥漫性红斑，有时出现小水疱、渗出液和浮肿，有烧灼感、发痒。皮肤对紫外线的反应因其波长不同而异。波长较长的紫外线作用于皮肤时，通常在 6~8h 的潜伏期后出现红斑，持续 24~30h，然后慢慢消失，并形成长期的色素沉着。波长较短时，红斑的出现和消失较快，但头痛较重，几乎不遗留色素沉着。作用强烈时伴有全身症状：头痛、头晕、易疲劳、神经兴奋、发热、失眠等。全身症状是由于紫外线作用下人体的细胞崩溃，产生体液性蔓延，以及紫外线对中枢神经系统直接作用的结果。

（2）电光性眼炎　紫外线过度照射引起急性角膜结膜炎称为电光性眼炎。这是明弧焊接直接操作和辅助工人中的一种特殊职业性眼病。波长较短的紫外线，尤其是波长在 320nm 以下者，能损害结膜和角膜，有时甚至侵及虹膜和视网膜。

发生电光性眼炎的主要原因有：多部焊机同时作业距离太近时，在操作过程中易受到临近弧光的辐射；由于技术不熟练，在引燃电弧前未戴好面罩，或熄弧前过早揭开面罩；辅助工人在辅助焊接时，由于配合不协调，在焊工引弧时尚未做好防护（如戴护目镜、偏头、闭眼等）而受到弧光的照射；由于防护镜片破损漏光；工作地点照明不足，看不清楚焊缝，以致先点火后戴面罩以及其他路过人员受突然强烈的照射等。

紫外线照射时眼睛受伤害的程度与照射的时间成正比，与照射源的距离成反比，并且与光线的投射角度有关。光线与角膜成直角照射时作用最大，偏斜角度越大其作用越小。

眼睛受强烈的紫外线短时间照射即可导致发病。潜伏期一般为 0.5~24h，多数在受照射后 4~12h 发病。首先出现两眼高度畏光、流泪、异物感、刺痛、眼睑红肿痉挛，并常有头痛和视物模糊。一般经过治疗和护理，数月后即恢复良好，不会造成永久性损伤。

（3）对纤维的破坏　焊接电弧的紫外线辐射对纤维的破坏能力很强，其中以棉织品最为严重。由于光化作用的结果，可导致棉布工作服氧化变质而破碎，有色印染物明显褪色。这是明弧焊焊工棉布工作服不耐穿的原因之一，尤其是氩弧焊、等离子弧焊等操作时更为明显。

2. 红外线

红外线对人体的危害主要是引起组织的热作用。波长较长的红外线可被皮肤表面吸收，使人产生热的感觉；短波红外线可被组织吸收，使血液和深部组织加热，产生灼伤。在焊接过程中，眼部受到强烈的红外线辐射时，会感到强烈的灼伤和灼痛，发生闪光幻觉。长期接触可能造成红外线白内障、视力减退，严重时可能导致失明。氩弧焊的红外线强度为焊条电弧焊的 1.5~2 倍，而等离子弧焊又大于氩弧焊。

3. 可见光

焊接电弧的可见光的光度，比肉眼正常承受的光度约大 1 万倍。当受到照射时，会出现眼睛疼痛、发花、看不清东西，长期作用会引起视力减退，可在短时间内丧失劳动能力。气焊火焰也会发出这种光。

综上所述，焊接电弧是极其强烈的辐射能源，它直接辐射或反射到人体未加防护的部位后，即产生辐射和化学病理影响。焊接电弧对未加防护的视觉器官的影响见表5-3。

表 5-3　焊接电弧对未加防护的视觉器官的影响

类别	波长/μm	影响的性质
不可见的紫外线（短、中）	<315	引起电光性眼炎
不可见的紫外线（长）	>315~400	对视觉器官无明显影响
可见光	>400~750	当辐射光极其明亮时，会损坏视网膜和脉管膜。视网膜损害严重时会使视力减弱，甚至失明，长时间影响时会感到眩晕
不可见的红外线（短）	>750~1300	反复、长时间的影响，会使眼睛水晶体的向光表面上产生白内障，水晶体逐渐变浊
不可见的红外线（长）	1300 以上	当影响很严重时，眼睛才会受到损害

六、噪声

1. 噪声的产生

噪声存在于一切焊接工艺中，其中尤以旋转直流电弧焊、等离子弧切割、碳弧气刨、等离子弧喷涂噪声强度较高。等离子弧切割和喷涂工艺，都要求有一定的冲击力，等离子流的喷射速度可达 10000m/min，噪声强度较高，大多在 100dB 以上，喷涂作业噪声可达 123dB，且噪声的频率均在 1000Hz 以上。

2. 噪声的控制

焊接车间的噪声不得超过 90dB，控制噪声的方法有以下 4 种。

1）采用低噪声工艺及设备。如采用热切割代替机械剪切，采用电弧气刨热切割坡口代替铲坡口，采用整流器、逆变电源代替旋转直流电焊机，采用先进工艺提高零件下料精度，以减少组装锤击等。

2）采取隔声措施。对分散布置的噪声设备，宜采用隔声罩；对集中布置的高噪声设备，宜采用隔声间；对难以采用隔声罩或隔声间的某些高噪声设备，宜在声源附近或受声处设置隔声屏障。

3）采取吸声降噪措施，降低室内混响声。

4）操作者佩戴隔声耳罩或隔声耳塞等个人防护器材。

七、射线

1. 射线的产生

焊接工艺过程的放射性危害主要来自氩弧焊与等离子弧焊时的钍放射性污染和电子束焊接时的 X 射线。当人体受到的射线辐射剂量不超过允许值时，不会对人体产生危害。电子束焊接时，产生的低能 X 射线，对人体会造成外照射，但危害程度较小，主要会引起眼睛晶状体和皮肤损伤。

2. 射线的防护

射线的防护主要采取以下措施。

1）综合性防护。如用薄金属板制成密封罩，在其内部完成施焊；将有毒气体、烟尘及放射性气溶胶等最大限度地控制在一定空间，通过排气、净化装置排到室外。

2）钍钨极储存点应固定在地下室封闭箱内。钍钨极磨尖点应安装除尘设备。

3）对真空电子束焊等放射性强的作业点，应采取屏蔽防护。

第二节　个人防护

焊工在现场施焊，必须按国家规定，穿戴好防护用品，如图 5-3 所示。焊工的防护用品较多，主要有面罩、头盔、护目镜、防噪声保护用品、安全帽、工作服、焊工手套、工作鞋、防尘口罩、安全带、防毒面具及披肩等。

一、面罩

面罩是一种用来防止焊接飞溅、弧光及其他辐射对焊工面部及颈部损伤的一种遮盖工具，最常见的面罩有手持式面罩和头盔式面罩两种。而头盔式面罩又分为普通头盔式面罩、封闭隔离式送风头盔式面罩及输气式防护头盔式面罩三种。

普通头盔式面罩戴在焊工头上，面罩主体可以上下翻动，便于焊工用双手操作，适合各种焊接方法操作时防护用，特别适用于高空作业，焊工一手握住固定物保持身体稳定，另一手握焊枪焊接。封闭隔离式送风头盔式面罩，主要应用在高温、弧光强、焊接发尘量高的焊接与切割作业，如 CO₂ 焊、氩弧焊、碳弧气刨、等离子弧切割及仰焊等。该面罩在焊接过程中使焊工呼吸畅通，既防尘又防毒。不足之处是价位较高，设备复杂（有送风系统），焊工行为受送风管长度限制。输气式防护头盔式面罩主要用于熔化极氩弧焊，该面罩有新鲜空气连续不断地供给眼、鼻、口处，特别是在密闭的空间内焊接，能够隔离氩弧焊产生的臭氧及烟尘，从而起到保护作用。

手持式焊接面罩如图 5-4 所示。目前已采用了护目镜可启闭的 MS 型面罩，如图 5-5 所示。普通头盔式面罩如图 5-6 所示。封闭隔离式送风头盔式面罩如图 5-7 所示。输气式防护头盔式面罩如图 5-8 所示。

图 5-3　焊工劳动防护用品
1—面罩　2—护目镜
3—工作服　4—焊工手套
5—绝缘鞋

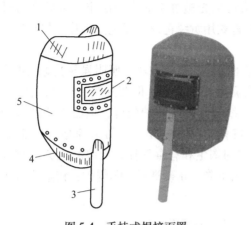

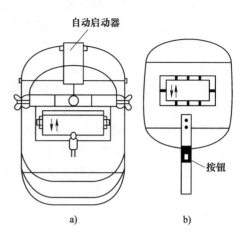

图 5-4　手持式焊接面罩

1—上弯面　2—观察窗　3—手柄　4—下弯面　5—面罩主体

图 5-5　MS 型面罩

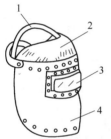

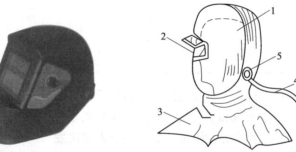

图 5-6　普通头盔式面罩

1—头箍　2—上弯面　3—观察窗　4—面罩主体

图 5-7　封闭隔离式送风头盔式面罩

1—面盾　2—观察窗　3—披肩　4—送风管　5—呼吸阀

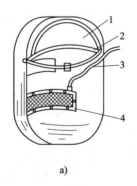

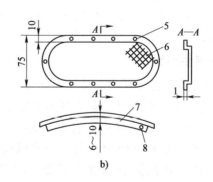

图 5-8　输气式防护头盔式面罩

a）简易输气式防护头盔结构示意图　b）送风带构造示意图

1—面罩　2—头箍　3—送风管　4—送风带　5—固定孔　6—送风孔　7—风带　8—送风管插孔

二、护目镜

护目镜包括滤光玻璃（黑色玻璃）和防护白玻璃两层，焊工在气焊和气割操作中必须佩戴。除与普通防护镜片有相同的滤光要求外，还要求镜框受热后镜片不脱落；接触面部部分不能有锐角；接触皮肤部分不能用有毒物质制作。

焊工在电焊操作中，滤光片的遮光编号由可见光透过率的大小决定，可见光透过率越大，编号越小，玻璃颜色越浅。焊工一般比较喜欢用黄绿色或蓝绿色滤光片。焊接滤光片分为吸收式、吸收-反射式及电光式三种。

焊工在选择滤光片时，主要依据焊接电流的大小、焊接方法、照明强弱及焊工本人视力好坏来选择。选择小号的滤光片，焊接过程会看得比较清楚，但紫外线、红外线防护不好，会伤害焊工眼睛；选择大号的滤光片，对紫外线与红外线防护较好，但滤光片玻璃颜色较深，不易看清楚熔池中的熔渣和铁液及母材熔化情况，这样，不可避免地使焊工面部与焊接熔池的距离缩短，从而会使焊工吸入较多的烟尘和有毒气体，而眼睛也会因过度集中看熔池，视神经容易疲劳，长久下去会造成视力下降。正确选择 CO₂ 焊护目镜遮光号可参见表 5-4。

表 5-4　正确选择 CO₂ 焊护目镜遮光号

焊接方法	焊接电流/A	最低遮光号	推荐遮光号
CO₂ 焊	<60	7	—
	60~160	10	11
	>160~250	10	12
	>250~500	10	14

焊接过程中，焊工及焊接辅助工必须佩戴符合国家劳动保护标准的面罩和护目镜。否则，受弧光辐射的伤害，会发生急性电光性眼炎。如果一个人多次发生电光性眼炎的病症，将使视力下降；也可能因长期受到红外线的伤害，眼睛产生白内障，既影响焊工身体健康，又影响焊工正常工作。目前有一种防止电光性眼炎的护目镜，如图 5-9 所示，被发病率多的电焊辅助工广泛地使用。

图 5-9　防电光性眼炎护目镜

三、防噪声保护用品

防噪声保护用品主要有耳塞、耳罩及防噪声棉等。最常见的是耳塞、耳罩，最简单的是在耳内塞棉花。

（1）耳罩　耳罩对高频噪声有良好的隔离作用，平均可以隔离噪声值为 15~30dB。它是一种以椭圆形或腰圆形罩壳，把耳朵全部罩起来的护耳器，如图 5-10 所示。

（2）耳塞　耳塞是插入外耳道最简便的护耳器，它有大、中、小三种规格可供选用。耳塞的平均隔离噪声值为 15~25dB，它的优点是隔声作用大，体积小，携带方便，容易保持，价格也便宜。佩戴耳塞时，注意推入要用力适中，不要塞得太深，以感觉适度为止。

图 5-10　防护耳罩

四、安全帽

在焊接作业现场，为了预防高空坠物和外界飞来物的危害，焊工应佩戴安全帽。安全帽必须符合国家标准，每次使用前都要仔细检查各部分是否完好，是否有裂纹，调整好帽箍的松紧程度，调整好帽衬与帽顶内的垂直距离，使其保持在 20~50mm 之间。

五、工作服

焊工用的工作服，主要起到隔热、反射和吸收等屏蔽作用，降低焊工身体受焊接热辐射和飞溅物的伤害程度。

焊工常穿白帆布制作的工作服，其在焊接过程中具有隔热、反射、耐磨和透气性好等优点。在进行全位置焊接和切割时，特别是仰焊或切割时，为了防止焊接飞溅或熔渣等溅到面部造成灼伤，焊工应用石棉物制作的披肩帽、长套袖、围裙和鞋盖等防护用品进行防护。

焊接过程中，为了防止高温飞溅物烫伤焊工，工作服上衣不应该系在裤子里面；工作服穿好后，要系好袖口和衣领上的衣扣。工作服上衣要做得大些，衣长要过腰部，不应有破损孔洞，不允许沾有油脂，保持干燥。工作服应较轻便。

六、焊工手套

焊接和切割过程中，焊工必须戴好焊工手套，如图 5-11 所示。焊工手套要求耐磨、耐辐射热、不容易燃烧和绝缘性良好，最好采用牛（猪）绒面皮革制作手套。

七、工作鞋

焊接过程中，焊工必须穿绝缘工作鞋。工作鞋应该是耐热、不容易燃烧、耐磨、防滑的高筒绝缘鞋。焊工的工作鞋使用前，需经耐电压试验 5000V 合格，在有积水的地面上焊接时，焊工的工作鞋必须是经耐电压试验

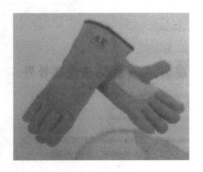

图 5-11　焊工手套

6000V 合格的防水橡胶鞋。工作鞋是粘胶底或橡胶底的，鞋底不得有鞋钉。

八、鞋盖

焊接过程中，强烈的焊接飞溅物坠地后，会四处飞溅。为了保护好脚不被高温飞溅物烫伤，焊工除了要穿工作鞋外，还要系好鞋盖。鞋盖只起隔离高温飞溅物的作用，通常用帆布或皮革制作。

九、安全带

焊工在高处作业时，为了防止意外坠落事故，必须在现场系好安全带后再开始焊接操作。安全带要耐高温、不容易燃烧，要高挂低用，严禁低挂高用。

十、防尘口罩和防毒面具

焊工在焊接与切割过程中，当整体或局部通风尚不足使烟尘浓度或有毒气体降低到卫生标准以下时，必须佩戴合格的防尘口罩或防毒面具。防尘口罩有隔离式和过滤式两大类，每类又分为自吸式和送风式两种。

隔离式防尘口罩（图 5-12a）将人的呼吸道与作业环境相隔离，通过导管或压缩空气将干净的空气送到焊工的口和鼻孔处供呼吸使用。过滤式防尘口罩（图 5-12b）通过过滤介质

将粉尘过滤干净，使焊工呼吸到干净的空气。

 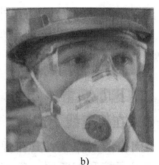

图 5-12　防尘口罩
a）隔离式　b）过滤式

防毒面具可采用送风头盔来代替。焊接作业中，焊工既可以采用软管式呼吸器，又可以采用过滤式防毒面具，如图 5-13 所示。

图 5-13　过滤式防毒面具

第三节　焊接生产中的安全技术

焊接生产中经常会发生工伤事故，通常来说，这都与安全技术措施不完善或安全管理措施不健全有关。实践证明，如果没有安全管理措施和安全技术措施，工伤事故肯定难以避免。安全管理措施与安全技术措施之间是互相联系、互相配合的，它们是做好焊接安全工作的两个方面，缺一不可。

一、焊工安全教育和考试

焊工安全教育是搞好焊接安全生产工作的一项重要内容，它的意义和作用是使广大焊工掌握安全技术和科学知识，提高安全操作技术水平，遵守安全操作规程，避免工伤事故。

焊工刚入厂时，要接受厂、车间和生产小组的三级安全教育。同时，安全教育要坚持经常化和宣传多样化。例如，举办焊工安全培训班、报告会、图片展览、设置安全标志、进行广播等多种形式，这都是行之有效的方法。按照安全规则，焊工必须经过安全技术培训，并经过考试合格后才允许上岗独立操作。

二、建立焊接安全责任制

安全责任制是把"管生产者必须管安全"的原则从制度上固定下来，这是一项重要的安全制度。通过建立焊接安全责任制，对企业中各级领导、职能部门和有关工程技术人员等，在焊接安全工作中应负的责任明确地加以确定。

工程技术人员对焊接安全也负有责任，因为关于焊接安全的问题，需要仔细分析生产过程和焊接工艺、设备、工具及操作中的不安全因素。因此，从某种意义上讲，焊接安全问题也是生产技术问题。工程技术人员在从事产品设计、焊接方法的选择，施工方案的确定、焊接工艺规程的制订，夹具的选用和设计等时，必须同时考虑安全技术要求，并应当有相应的安全措施。

总之，企业各级领导、职能部门和工程技术人员，必须保证与焊接有关的现行劳动保护法令中所规定的安全技术标准和要求得到认真贯彻执行。

三、焊接安全操作规程

焊接安全操作规程是人们在长期从事焊接操作实践中，为克服各种不安全因素和消除工伤事故的科学经验总结。经对事故的原因分析研究表明，焊接设备和工具的管理不善，以及操作者失误是产生事故的两个主要原因。因此，建立和执行必要的安全操作规程，是保障焊工安全健康和促进安全生产的一项重要措施。

应当根据不同的焊接工艺来建立各类安全操作规程，如气焊与气割的安全操作规程、焊条电弧焊安全操作规程及气体保护焊安全操作规程等。还应当按照企业的专业特点和作业环境，制订相应的安全操作规程，如水下焊接与切割安全操作规程、化工生产或铁路的焊接安全操作规程等。

四、焊接工作场地的组织

在焊接与气割工作场地中的设备、工具和材料等应排列整齐，不得乱堆乱放，并要保证有必要的通道，如图 5-14 所示，便于一旦发生事故时的消防、撤离和医务人员实施抢救。安全规则中规定：车辆通道的宽度不小于 3m，人行通道的宽度不小于 1.5m。操作现场的所有气焊胶管、焊接电缆等不得相互缠绕。用完的气瓶应及时移出工作场地，不得随意横躺竖放。焊工作业面积不应小于 $4m^2$，地面应基本干燥。工作地点应有良好的天然采光或局部照明，须保证工作面照度为 50~100lx。

图 5-14 车间通道与标识

在焊割操作点周围直径 10m 的范围内严禁堆放各类可燃、易爆物品，诸如木材、油脂、棉丝、保温材料和化工原料等。当不能清除时，应采取可靠的安全措施。若操作现场附近有隔热保温等可燃材料的设备和工程结构，必须预先采取隔绝火星的安全措施，防止火患。

室内作业应通风良好，不使可燃、易爆气体滞留。室外作业时，操作现场的地面与登高作业及与起重设备的吊运工作之间，应密切配合、秩序井然而不得杂乱无章。在地沟、坑道、检查井、管段或半封闭地段等处作业时，应先用仪器判明其中有无爆炸和中毒的危险。用仪器进行检查分析时，禁止用火柴、燃着的纸张在不安全的地方进行检查。对施焊现场附近敞开的孔洞和地沟，应用石棉板盖严，防止焊接时火花进入。

第四节 焊接清洁生产

伴随科学技术水平的提高和生产力的发展，人们更加关注生态环境的变化，也更多关注环保生产、绿色生产以及清洁生产的实施。图 5-15 所示是国际绿色产业合作组织为达到目标要求的企业颁发的证书。

一、清洁生产的概念

清洁生产是指将综合性预防的战略持续地应用于生产过程、产品和服务中，以提高效率和降低对环境和人类安全的风险。

对生产过程来说，清洁生产是指节约能源和原材料，淘汰有害的原材料，减少和降低所产生废物的数量和毒性。

对产品来说，清洁生产是指降低产品全生命周期（包括从原材料开采到产品寿命终结后的处置）对环境的有害影响。

对服务来说，清洁生产是指将预防战略结合到环境设计和所提供的服务中。

图 5-15 国际绿色生产企业证书

二、焊接清洁生产的内容

焊接领域的清洁生产应包括以下内容。

1）尽可能地减少能源的消耗，节约原材料。例如，采用自动焊取代手工焊，提高生产率、节能，避免浪费焊接材料。

2）尽可能不使用有毒、有害的物质，而用无毒、低毒的物质来代替，最终淘汰有毒物质。例如淘汰含铅钎料，研制新型无铅钎料。

3）尽可能不产生有毒、有害物质的排放，降低粉尘和废弃物的数量和毒性。例如研制并推广使用低烟尘、低毒的焊接材料。

4）在技术和经济条件可能的情况下，尽可能地使用可再生能源。

5）产品要设计成在其使用终结后，可降解为无害产物，或者可以循环再利用。例如对报废的钎焊电路板钎料的重复利用。

6）在危险物质生成前，实行在线监测和控制。

7）通过增加产量和提高质量，降低使用成本，降低污染治理的费用，使企业获得更大的经济效益。

8）按照清洁生产的原则，对焊接材料和焊接工程进行定量评估。

上述几方面的内容是焊接清洁生产应进行的工作。焊接工作者可以在这方面开展一系列的研究和推广工作，特别是要研究从源头而不是从生产过程的末端来解决废物的综合预防的办法和策略。

三、焊接清洁生产的现状

近年来在焊接清洁生产方面进行了以下工作。

1. 采用高效节能的焊接电源

从电焊机的设计上着手，采用节省铜材料并且节能的先进设计方案，并在电焊机设计时，就考虑到产品报废回收的循环利用问题。另外，逆变电焊机由于有节铜、节能、高效的优点而受到重视。

2. 加紧无铅钎料的研制和推广

铅和铅的化合物已被美国环境保护局（EPA）列入前 17 种对人体和环境危害最大的化学物质之一。铅的毒性在于它是不可分解的金属，一旦被人体摄取会在人体中聚集而不能被排除，对人体产生严重毒性作用。

3. 使用低烟尘、低毒、高效率的焊接材料

研究新一代低烟尘、高效率的绿色焊接材料是可持续发展战略对焊接工作者提出的新课题，这一课题的研究正处于起步阶段，如果对新一代低烟尘、高效率的焊接材料课题的研究得以成功，每年焊接材料的烟尘排放可以减少50%以上。

第六章 CO_2焊板焊操作技术

学习目标：通过学习本章内容，使学生掌握 CO_2 焊板焊不同焊接位置的焊接操作要点以及焊接过程中可能出现的各种问题，从而在实际生产中能够正确、熟练地进行焊接操作，获得优质焊接接头。

第一节 CO_2焊平焊操作技术

平焊是一种最有利于焊接操作的空间位置焊接。由于焊缝处于焊缝倾角为 0°、转角为 90°的焊接位置，熔滴过渡容易，熔池形状易于控制，焊缝成形较好，所以操作技能较易掌握。而且由于平焊时可以使用较大焊接电流，焊接速度快，生产率较高，且焊接时是俯视操作，劳动强度相对较小，操作者不易疲劳。基于平焊操作具有上述特点，所以无论在制订焊接工艺还是焊接操作时，都应尽可能使焊缝处于平焊位置。平焊又分为对接平焊和角接平焊两种。

一、对接平焊

1. 不开坡口的对接平焊

当板厚小于 6mm 时，一般采用不开坡口的单层单道双面对接平焊，焊缝的坡口形式为 I 形，如图 6-1 所示。施焊前，要正确调节合适的焊接电流与电弧电压，使其达到最佳的匹配值，以获得完美的焊缝成形。

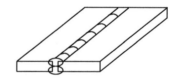

图 6-1　不开坡口对接平焊示意图

施焊时，采用左焊法或右焊法均可。焊丝伸出长度为焊丝直径的 10 倍，气体流量为 10~15L/min。电弧的运弧方式为直线形或锯齿形横向摆动。焊枪与焊件表面对中位置角度呈 90°，如图 6-2a 所示。右焊法时，焊枪与焊缝的前倾夹角为 75°~85°，如图 6-2b 所示。左焊法时，焊枪与焊缝的后倾夹角为 75°~85°，如图 6-2c 所示。

当焊接正面焊缝时，熔深应达到焊件厚度的 2/3。焊接背面焊缝时，应将正面焊接时所渗漏的熔渣等杂物清理干净，使熔深达到焊件厚度的 2/3，保证正背面焊缝交界处有 1/3 的重叠，以保证焊件焊透。焊完后的正背面焊缝余高为 0~3mm，焊缝宽度为8~10mm。熔深、余高及宽度如图 6-3 所示。

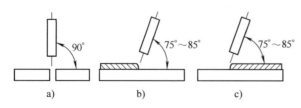

图 6-2　对接平焊焊枪角度示意图

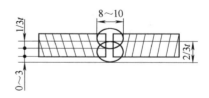

图 6-3　熔深、余高及宽度示意图

2. 开坡口的对接平焊

当板厚大于 6mm 时，电弧的热量很难将焊缝根部完全熔透，为了保证焊件焊透及焊缝质量，必须将焊件加工坡口后再进行焊接。坡口的形式主要根据焊件的厚度来选择，一般常用的对接坡口形式有 V 形、X 形、K 形等。开坡口的对接平焊，一般采用多层单道双面焊、多层多道双面焊和多层单道单面焊双面成形、多层多道单面焊双面成形四种成形方法，而在实际生产中，通常以多层单道双面焊和多层单道单面焊双面成形两种成形方法应用比较广泛。施焊时，采用左焊法和右焊法进行焊接均可，焊枪与焊件表面及焊缝之间的夹角角度如图 6-2 所示。焊接层数可根据焊件厚度来决定，焊件越厚，焊层越多。下面以 300mm×240mm×12mm 板焊接为例进行分析。

（1）多层单道双面焊　多层单道双面焊包括打底层焊、封底层焊、填充层焊和盖面层焊。其中每一层焊缝都为单道焊缝，如图 6-4a 所示。定位焊缝在焊件两端头进行，装配间隙始焊处为 2mm，终焊处为 2.5mm。气体流量为 10~15L/min。

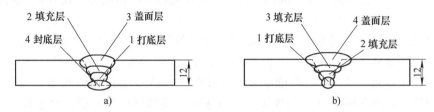

图 6-4　多层单道对接平焊示意图

打底层焊时，焊接电流、焊接速度及运弧方法等可视坡口间隙大小情况而定。可采用直线或锯齿形横向摆动运弧法，注意坡口两侧熔合并防止烧穿。

封底层焊时，应先将焊件背面熔渣等污物清理干净后再进行焊接，操作要领与不开坡口对接平焊相同。

填充层焊时，焊接电流适当加大，电弧横向摆动的幅度视坡口宽度的增大而加大。焊接过程中注意熔池两侧熔合情况。焊完后的填充层焊缝应比母材表面低 1~2mm，并保证坡口两侧棱边不被熔化，这样在盖面层焊接时能看清坡口，保证盖面层焊缝边缘平直，焊缝与母材圆滑过渡。

盖面层焊时，电弧横向摆动的幅度随坡口宽度的增大而继续加大，电弧摆动到坡口两侧时应稍作停顿，使坡口两侧温度均衡，熔池应覆盖并超过坡口棱边 1~2mm，使焊缝熔合良好，无咬边现象。焊完后的盖面层焊缝应宽窄整齐，边缘平直，高低平整，焊波均匀一致。

（2）多层单道单面焊双面成形　多层单道单面焊双面成形包括打底层焊、填充层焊和盖面层焊。其中打底层焊是单面焊接，正反双面成形，而反面焊缝为正式表面焊缝，因此操作难度较大，如图 6-4b 所示。多层单道单面焊双面成形定位焊时，定位焊缝在焊件两端头进行，装配间隙始焊处为 3mm，终焊处为 3.5mm。

打底层焊时，一般采用左焊法进行施焊。施焊过程中应注意以下几点：

1）采用月牙形（正月牙形）或锯齿形小幅摆动施焊，焊枪摆动时在焊缝中心摆动稍快，摆动到焊缝两侧稍作停顿。摆动时尽量避免电弧直接对准间隙，防止烧穿缺陷的产生。

2）坡口根部两侧熔孔大小应始终保持在 0.5~1mm 之间不变，以保证背面焊缝成形均匀、美观。若熔孔过大，则背面焊缝余高过高，甚至形成焊瘤或烧穿；若熔孔过小，则坡口两侧根部易造成未焊透。

3) 要严格控制喷嘴高度，电弧必须在距离坡口根部 2~3mm 处燃烧。打底层焊完成后，正面高度应不超过 4mm，背面高度 0~3mm。

填充层焊和盖面层焊与多层单道双面焊相同。

二、角接平焊

角接平焊是指 T 形接头平焊和搭接接头平焊。角接平焊焊缝处于焊缝倾角为 0°、180°，焊缝转角为 45°、135° 的焊接位置。由于搭接接头平焊和 T 形接头平焊两者操作方法类似，所以在这里不做单独介绍。角焊缝的几何形状和尺寸与焊条电弧焊相同，故不再叙述。角接平焊常采用的坡口形式主要有 I 形、K 形和单边 V 形等。

1. 不开坡口的角接平焊

当板厚小于 6mm 时，一般采用不开坡口的两侧单层单道角接平焊，焊缝的坡口形式为 I 形，如图 6-5 所示。施焊前，要正确调节合适的焊接电流与电弧电压，使其达到最佳的匹配值，以获得完美的焊缝成形。

施焊时的操作要领与对接平焊基本相同。由于角接平焊在操作时容易产生未焊透、咬边、焊脚下垂等缺陷，所以在操作时必须选择合适的焊接参数，及时调整焊枪角度。当焊接同等板厚单层单道角接平焊时，焊枪与两板之间角度为 45°，如图 6-6a 所示。焊枪的后倾夹角为 75°~85°，如图 6-6b 所示。当焊接不同板厚时，还必须根据两板的厚度来调节焊枪的角度，一般焊枪角度应偏向厚板 5° 左右。采用直线形或直线往复形运弧方式进行焊接。直线往复式运弧，每次运弧幅度不得大于 10mm。施焊过程中尽量保持焊枪匀速移动，才能获得满意的焊缝。通常应根据焊接电流的大小、熔池的形状、焊件熔合情况等，调整焊枪前进速度，调整完成后匀速前进效果最佳。

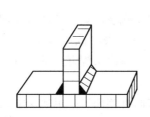 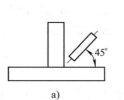 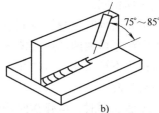

图 6-5 不开坡口的角接平焊示意图　　图 6-6 角接平焊焊枪角度示意图

2. 开坡口的角接平焊

当板厚大于 6mm 时，电弧的热量很难将焊缝根部完全熔透，为了保证焊件焊透及焊缝质量，必须将焊件加工坡口后再进行焊接。一般常用的焊缝坡口形式有 K 形和单边 V 形等。开坡口的角接平焊应用最为广泛的是单层双面焊，如图 6-7 所示。施焊时，由于熔滴下垂，焊缝熔合不良，焊枪角度应稍偏向坡口面 3°~5°，控制好熔池温度和熔池形状及尺寸大小，随时根据熔池情况调整焊接速度。运弧方式与不开坡口角接平焊的运弧方式基本相同。焊完正面焊缝后，应将熔渣等污物清理干净后再进行背面焊缝的焊接。背

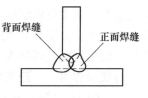

图 6-7 开坡口角接双面焊示意图

面焊缝的操作要领与正面焊缝相同。

3. 船形焊

在焊接 T 形角接焊缝时，把焊件的平角焊缝置于水平焊缝位置进行的焊接称为船形焊。船形焊时，T 形角接焊件的翼板与水平面夹角呈 45°，焊枪与腹板的角度则为 45°，如图 6-8 所示。焊接时的操作要领与平焊相同。船形焊既能避免平角焊时易产生的咬边、焊瘤、未熔合等缺陷，又可以采用较大电流和大直径焊丝焊接，不但能得到较大熔深，而且能大大提高焊接生产率，获得良好的经济效益。因此，焊接 T 形角接焊缝时，若焊件具备翻转条件，则应尽可能把焊件置于船形焊位置。

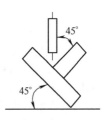

图 6-8　船形焊示意图

实训一　对接平焊的操作步骤

序号	操作程序	操作技术要领	技术依据质量标准	检验方法	易产生问题及焊接缺陷	产生原因及防治措施
1-1	装配	将两块板放于水平位置，使两端头对齐，在两端头 10mm 内进行定位焊，定位焊长度应小于 10mm。注意定位焊的焊接电流不宜过大。把装配好的焊件按水平位置固定在操作平台或焊接胎具（架）上，准备施焊	两板端头齐，两板板面平。焊件位置水平，放置稳定，牢固夹紧	检查定位焊质量，焊件固定后应不松动、不跌落	定位焊缝没有焊牢固，有错边；焊件没在水平位置，焊件有松动	定位焊缝应牢靠，无错边；焊件尽可能放置水平；焊件尽可能牢固夹紧
1-2	姿势	焊接时，身体呈下蹲姿势，上身挺直稍向前倾，双脚跟着地八字蹲稳。根据焊缝的长度确定身体与焊缝的相对位置。注意应保证整条焊缝焊接过程中视线无遮挡，始终可以观察到电弧。采用双手持枪，右手握焊枪，左手辅助托起焊枪，保持焊枪稳定。手臂半悬空，以小臂与右手腕配合，控制与焊件的角度、焊接速度及电弧的摆动运弧	人体蹲稳，手臂悬空，手腕运弧自如	自己试蹲操作姿势、操作位置，感觉自如	双脚跟不着地，蹲姿不稳；双臂肘依托、依靠大腿不灵活	根据要领进行平焊姿势、蹲位的训练；双臂半悬空平稳，手腕运弧灵活自如
1-3	引弧	焊枪内焊丝端头距始焊处 2mm，按动按钮，随后自动送气、送电、送丝，焊丝与焊件表面相接触而短路起弧。此时，由于焊丝与焊件接触而产生一个反弹力，操作者应握紧焊枪，勿使焊枪因冲击而回升，一定要保持喷嘴与焊件表面距离恒定，这是防止引弧时产生缺陷的关键	采用焊丝直径为 1mm。保证喷嘴与焊件表面距离恒定	检查始焊处焊缝尺寸及焊接质量	始焊处焊缝不在端头和接缝上；始焊处焊缝产生高低不平、宽窄不齐现象	按要求正确掌握引弧始焊技术；引弧后焊速过快造成，适当预热，焊速适合，小幅摆动

（续）

序号	操作程序	操作技术要领	技术依据质量标准	检验方法	易产生问题及焊接缺陷	产生原因及防治措施
1-4	运弧	电弧需要有三个力同时作用于熔池：一是随着焊丝的熔化焊枪向下给送；二是随着熔池温度和尺寸变化焊枪向前进方向移动形成焊缝；三是根据焊缝宽度和熔合的需要横向摆动。当电弧摆动到坡口两侧时应稍作停顿，避免焊缝产生咬边和熔合不良现象	焊缝平直，宽窄一致。焊缝宽度为 8mm，余高 0～3mm	检查焊缝表面缺陷，用检测尺检查焊缝外观尺寸	焊缝高低不平、宽窄不齐，有脱节现象	严格控制焊接速度，调整焊枪角度，摆动幅度不要太大，熟练运弧
1-5	接头	焊接接头时，在收弧处后端 5mm 处按动按钮，电弧引燃，然后快速将电弧引向弧坑，待熔化金属填满弧坑后，立即向前移动，向正常焊接方向进行施焊	接头过渡平整，不过高或不脱节，无焊瘤或未焊透	检查接头质量，用测量器测定焊缝接头处尺寸	接头焊瘤、接头脱节、接头超高	电弧停留过长或电弧停留过短，下压不够。熟练操作手法，控制停留时间
1-6	熄弧	当中断焊接过程或焊至终焊处熄弧时，按动按钮，电弧熄灭，焊枪应在熄弧处停留 3～5s 后方可移开，以保证熔池在冷却凝固时得到可靠的 CO₂ 气体滞后保护，此时自动断电、断气，焊接过程结束	终焊熄弧处焊缝饱满无缺陷，焊缝尺寸与整条焊缝一致	检查终焊熄弧处焊接质量，用焊缝测量器测定焊缝尺寸	终焊熄弧处弧坑塌陷，温度过高产生气孔	采用断弧法降温，缩小熔池面积并填满弧坑，熄弧动作要干净利落

实训二　角接平焊的操作步骤

序号	操作程序	操作技术要领	技术依据质量标准	检验方法	易产生问题及焊接缺陷	产生原因及防治措施
2-1	装配	将 200mm 宽板放于水平位置，100mm 窄板垂直置于水平宽板 1/2 位置，两端头对齐，在两端头进行定位焊，定位焊长度应小于 10mm。注意定位焊的焊接电流不宜过大。把装配好的焊件按水平位置固定在操作平台或焊接胎具（架）上，准备施焊	两板端头齐，两板夹角 90° 垂直。焊件位置水平，放置稳定，牢固夹紧	检查定位焊缝质量，焊件固定后，用手摇动应不跌落	定位焊缝没有焊牢固；焊件没在水平位置；焊件有松动	定位焊缝应点固牢靠；焊件尽可能放置水平；焊件尽可能牢固夹紧
2-2	姿势	焊接时，身体呈下蹲姿势，上身挺直稍向前倾，双脚跟着地八字蹲稳。根据焊缝的长度确定身体与焊缝的相对位置。注意应保证整条焊缝焊接过程中视线无遮挡，始终可以观察到电弧。采用双手持枪，右手握焊枪，左手辅助托起焊枪，保持焊枪稳定。手臂半悬空，以小臂与右手腕配合，控制与焊件的角度、焊接速度及电弧的摆动运弧	人体蹲稳，手臂悬空，手腕运弧自如	自己试蹲操作姿势、操作位置，感觉自如	双脚跟不着地，蹲姿不稳；双臂肘依托、依靠大腿不灵活	根据要领进行角接平焊姿势、蹲位的训练；双臂半悬空平稳，手腕运弧灵活自如

（续）

序号	操作程序	操作技术要领	技术依据质量标准	检验方法	易产生问题及焊接缺陷	产生原因及防治措施
2-3	引弧	焊枪内焊丝端头距始焊处2mm，按动按钮，随后自动送气、送电、送丝，焊丝与焊件表面相接触而短路起弧。此时，由于焊丝与焊件接触而产生一个反弹力，操作者应握紧焊枪，勿使焊枪因冲击而回升，一定要保持喷嘴与焊件表面距离恒定，这是防止引弧时产生缺陷的关键	采用焊丝直径为1mm。保证喷嘴与焊件表面距离恒定	检查始焊处焊缝尺寸及焊接质量	始焊处焊缝不在端头和接缝上；始焊处焊缝产生高低不平、宽窄不齐现象	按要求正确掌握引弧始焊技术；引弧后焊速过快造成，适当预热，焊速适合，小幅摆动
2-4	运弧	电弧需要有三个力同时作用于熔池：一是随着焊丝的熔化焊枪向下给送；二是随着熔池温度和尺寸变化焊枪向前进方向移动形成焊缝；三是根据焊缝宽度和熔合的需要横向摆动。当电弧摆动到坡口两侧时应稍作停顿，避免焊缝产生咬边和熔合不良现象	焊脚高度、宽窄一致。焊脚高度8mm	检查焊缝表面缺陷，用检测尺检查焊缝外观尺寸	焊缝高低不平、宽窄不齐，有脱节现象	严格控制焊接速度，调整焊枪角度，摆动幅度不要太大，熟练运弧
2-5	接头	焊接接头时，在收弧处后端5mm处按动按钮，电弧引燃，然后快速将电弧引向弧坑，待熔化金属填满弧坑后，立即向前移动，向正常焊接方向进行施焊	接头过渡平整，不过高或不脱节，无焊瘤或未焊透	检查接头质量，用测量器测定焊缝接头处尺寸	接头焊瘤、接头脱节、接头超高	电弧停留过长或电弧停留过短，下压不够。熟练操作手法，控制停留时间
2-6	熄弧	当中断焊接过程或焊至终焊处熄弧时，按动按钮，电弧熄灭，焊枪应在熄弧处停留3~5s后方可移开，以保证熔池在冷却凝固时得到可靠的CO₂气体滞后保护，此时自动断电、断气，焊接过程结束	终焊熄弧处焊缝饱满无缺陷，焊缝尺寸与整条焊缝一致	检查终焊熄弧处焊接质量，用焊缝测量器测定焊缝尺寸	终焊熄弧处弧坑塌陷，温度过高产生气孔	采用断弧法降温，缩小熔池面积并填满弧坑，熄弧动作要干净利落

实训三 V形坡口对接平焊单面焊双面成形的操作步骤

序号	操作程序	操作技术要领	技术依据质量标准	检验方法	易产生问题及焊接缺陷	产生原因及防治措施
3-1	装配	将两块板放于水平位置，使两端头对齐，在两端头10mm内进行定位焊，定位焊长度应小于10mm。装配间隙始焊处3.0mm，终焊处3.5mm。反变形角度为3°~5°，注意定位焊的焊接电流不宜过大。把装配好的焊件按水平位置固定在操作平台或焊接胎具（架）上，准备施焊	两板端头齐，两板板面平。焊件位置水平，放置稳定牢固夹紧	检查定位焊缝质量，焊件固定后应不松动、不跌落	定位焊缝没有焊牢固，有错边；焊件没在水平位置；焊件有松动	定位焊缝应牢靠，无错边；焊件尽可能放置水平；焊件尽可能牢固夹紧

（续）

序号	操作程序	操作技术要领	技术依据质量标准	检验方法	易产生问题及焊接缺陷	产生原因及防治措施
3-2	姿势	焊接时，身体呈下蹲姿势，上身挺直稍向前倾，双脚跟着地八字蹲稳。根据焊缝的长度确定身体与焊缝的相对位置。注意应保证整条焊缝焊接过程中视线无遮挡，始终可以观察到电弧。采用双手持枪，右手握焊枪，左手辅助托起焊枪，保持焊枪稳定。手臂半悬空，以小臂与右手腕配合，控制与焊件的角度、焊接速度及电弧的摆动运弧	人体蹲稳，手臂悬空，手腕运弧自如	自己试蹲操作姿势、操作位置，感觉自如	双脚跟不着地，蹲姿不稳；双臂肘依托、依靠大腿不灵活	根据要领进行对接平焊姿势、蹲位的训练；双臂半悬空平稳，手腕运弧灵活自如
3-3	引弧	焊枪内焊丝端头距始焊处 2mm，按动按钮，随后自动送气、送电、送丝，焊丝与焊件表面相接触而短路起弧。此时，由于焊丝与焊件接触而产生一个反弹力，操作者应握紧焊枪，勿使焊枪因冲击而回升，一定要保持喷嘴与焊件表面距离恒定，这是防止引弧时产生缺陷的关键	采用焊丝直径为 1mm。保证喷嘴与焊件表面距离恒定	检查始焊处焊缝尺寸及焊接质量	始焊处焊缝不在端头和接缝上；始焊处焊缝产生高低不平、宽窄不齐现象	按要求正确掌握引弧始焊技术；引弧后焊速过快造成，适当预热，焊速适合，小幅摆动
3-4	运弧	电弧需要有三个力同时作用于熔池：一是随着焊丝的熔化焊枪向下给送；二是随着熔池温度和尺寸变化焊枪向前进方向移动形成焊缝；三是根据焊缝宽度和熔合的需要横向摆动。当电弧摆动到坡口两侧时应稍作停顿，避免焊缝产生咬边和熔合不良现象	焊缝平直，宽窄一致。焊缝宽度为 8mm，余高 0～3mm	检查焊缝表面缺陷，用检测尺检查焊缝外观尺寸	焊缝高低不平、宽窄不齐，有脱节现象	严格控制焊接速度，调整焊枪角度，摆动幅度不要太大，熟练运弧
3-5	接头	打底层焊时，在收弧处后端 5mm 处引燃电弧，快速摆动至接头端部时下压并稍作停顿，待填满弧坑后正常向焊接方向施焊。填充层焊和盖面层焊时，在收弧处前端 5mm 处引燃电弧，快速摆动至接头端部稍作停顿，待填满弧坑后正常向焊接方向进行施焊	接头过渡平整，不过高或不脱节，无焊瘤或未焊透	检查接头质量，用测量器测定焊缝接头处尺寸	接头焊瘤、接头脱节、接头超高	电弧停留过长或电弧停留过短，下压不够。熟练操作手法，控制停留时间
3-6	熄弧	当中断焊接过程或焊至终焊处熄弧时，按动按钮，电弧熄灭，焊枪应在熄弧处停留 3～5s 后方可移开，以保证熔池在冷却凝固时得到可靠的 CO₂ 气体滞后保护，此时自动断电、断气，焊接过程结束	终焊熄弧处焊缝饱满无缺陷，焊缝尺寸与整条焊缝一致	检查终焊熄弧处焊接质量，用焊缝测量器测定焊缝尺寸	终焊熄弧处弧坑塌陷，温度过高产生气孔	采用断弧法降温，缩小熔池面积并填满弧坑，熄弧动作要干净利落

项目训练一　厚4mm钢板I形坡口对接平焊（双面焊）

1. 训练图样

I形坡口平对接双面焊图样如图6-9所示。

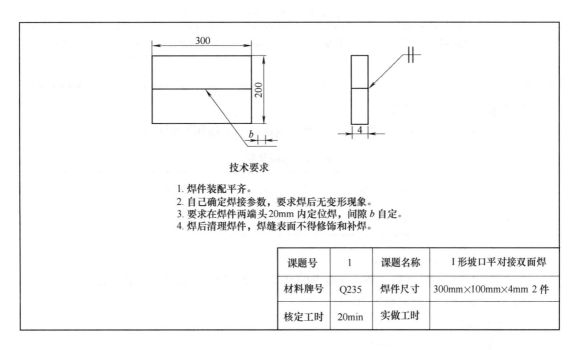

技术要求

1. 焊件装配平齐。
2. 自己确定焊接参数，要求焊后无变形现象。
3. 要求在焊件两端头20mm内定位焊，间隙 b 自定。
4. 焊后清理焊件，焊缝表面不得修饰和补焊。

课题号	1	课题名称	I形坡口平对接双面焊
材料牌号	Q235	焊件尺寸	300mm×100mm×4mm 2 件
核定工时	20min	实做工时	

图6-9　训练图样

2. 焊前准备

（1）焊接方法　半自动 CO_2 焊。

（2）钢材牌号　Q235。

（3）焊丝牌号　H08Mn2SiA，焊丝为实心焊丝，直径为 $\phi1.0mm$。

（4）焊件尺寸　$L×B×S = 300mm×100mm×4mm$。

（5）焊接位置　平焊。

（6）接头形式　对接接头。

（7）坡口形式　I形坡口。

（8）焊接场地、焊机及辅助设备、工量具

1）场地。具有良好的采光、照明、除尘条件及适合各种位置焊接的焊接胎夹具。

2）焊机。NBC-350 焊机。

3）辅助设备。内置或外置送丝机、CO_2 气瓶、流量计、焊枪、电缆、气管等。

4）工量具。锤子、錾子、钢丝刷、90°角尺、焊缝测量器、角向磨光机等。

3. 训练要求

（1）训练目的

1）熟练掌握 CO_2 焊弧焊电源及附属设备的调节、使用方法。

2）学会 CO$_2$ 焊的引弧、运弧、接头、熄弧等操作要领。

3）掌握不开坡口平对接双面焊操作技巧和方法。

（2）训练内容

1）填写焊接工艺卡，见表6-1。

表 6-1　焊接工艺卡

焊件厚度	装配间隙	焊丝直径	焊接电流	电弧电压	焊枪角度	运弧方法	反变形量

2）焊接设备的使用和调节。

3）焊接参数的选择见表6-2，重点是焊接电流与电弧电压匹配的调节。

表 6-2　焊接参数

焊丝直径/mm	焊丝伸出长度/mm	焊接电流/A	焊接电压/V	气体流量/L·min
ϕ1.0	10~15	90~110	18~20	10~15

4）余高和焊缝宽度的控制。

5）焊波均匀及焊缝宽窄、高低平整等的掌控，做到焊缝表面无任何焊接缺陷。

（3）工时定额　工时定额为 20min。

（4）安全文明生产

1）认真执行安全技术操作规程。

2）正确穿戴劳动保护用品。

3）严格遵守文明生产规定，做到焊接场地整洁，工件、工具摆放整齐。

4）焊接结束及时关闭电源和气源，并清理焊接现场，检查有无安全隐患。

4. 训练步骤

1）看清训练项目内容，了解技术要求。检查焊件是否符合焊接要求。

2）认真完成焊前的各项检查、调试等准备工作。

3）起动焊机，打开气源后，仔细检查焊机电路、气路系统工况是否正常。

4）根据需要选择和调节合适的焊接电流、电弧电压和气体流量等。

5）认真清理和打磨焊件待焊处，直至露出金属光泽。

6）检查定位焊是否符合要求。

7）按照焊接工艺及操作要领施焊，注意操作方法的正确性。

8）施焊过程保证稳定的工作位置和焊枪角度及控制 CO$_2$ 气体对熔池的保护作用。

9）焊后检测焊缝尺寸及表面质量。

5. 训练时间

训练时间为 6 学时。

6. 评分标准

项目配分及评分标准见表6-3。

表 6-3 项目配分及评分标准

序号	检测项目	配分	技 术 标 准	实测情况	得分	备注
1	余高	8	允许余高 0~3mm, 每超差 1mm 扣 4 分			
2	焊缝宽度	10	允许宽度 8~10mm, 每超差 1mm 扣 5 分			
3	焊缝高低差	8	允许高低差 1mm, 每超差 1mm 扣 4 分			
4	接头成形	6	要求整齐, 美观, 成形良好, 有一处脱节或超高扣 3 分			
5	焊缝宽度差	8	允许宽度差 1mm, 每超差 1mm 扣 4 分			
6	焊缝平直度	10	平直, 否则每处扣 5 分			
7	表面未熔合	10	无, 否则每处扣 10 分			
8	咬边	8	深<0.5mm, 每长 10mm 扣 4 分; 深>0.5mm, 每长 10mm 扣 8 分			
9	弧坑	4	无, 否则每处扣 4 分			
10	焊件变形	10	允许差 1°, 每超差 1° 扣 4 分			
11	表面气孔	6	无, 否则每处扣 6 分			
12	电弧擦伤	6	无, 否则每处扣 6 分			
13	焊件清洁	2	清洁, 否则每处扣 2 分			
14	安全文明生产	4	劳保用品穿戴整齐, 服从管理, 文明操作, 否则扣 4 分			
	总分	100	项目训练成绩			

项目训练二 厚 6mm 钢板 T 形接头角接平焊（双面焊）

1. 训练图样

T 形接头平角对接双面焊图样如图 6-10 所示。

2. 焊前准备

（1）焊接方法 半自动 CO₂ 焊。

（2）钢材牌号 Q235。

（3）焊丝牌号 H08Mn2SiA, 焊丝为实心焊丝, 直径为 $\phi1.0$mm。

（4）焊件尺寸 $L \times B \times S = 300\text{mm} \times 100\text{mm} \times 6\text{mm} + 300\text{mm} \times 200\text{mm} \times 6\text{mm}$。

（5）焊接位置 平角焊。

（6）接头形式 T 形接头。

（7）坡口形式 I 形坡口。

（8）焊接场地、焊机及辅助设备、工量具

1）场地。具有良好的采光、照明、除尘条件及适合各种位置焊接的焊接胎夹具。

2）焊机。NBC-350 焊机。

3）辅助设备。内置或外置送丝机、CO₂ 气瓶、流量计、焊枪、电缆、气管等。

4）工量具。锤子、錾子、钢丝刷、90°角尺、焊缝测量器、角向磨光机等。

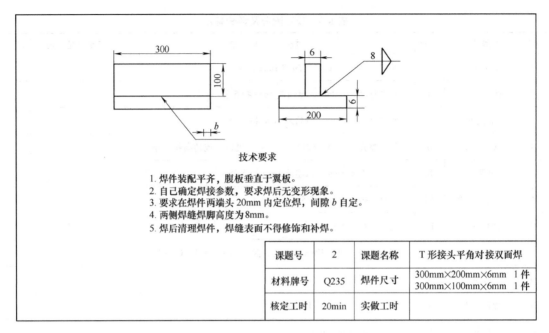

技术要求

1. 焊件装配平齐，腹板垂直于翼板。
2. 自己确定焊接参数，要求焊后无变形现象。
3. 要求在焊件两端头 20mm 内定位焊，间隙 b 自定。
4. 两侧焊缝焊脚高度为 8mm。
5. 焊后清理焊件，焊缝表面不得修饰和补焊。

课题号	2	课题名称	T 形接头平角对接双面焊
材料牌号	Q235	焊件尺寸	300mm×200mm×6mm 1件 300mm×100mm×6mm 1件
核定工时	20min	实做工时	

图 6-10　训练图样

3. 训练要求

（1）训练目的

1）掌握 CO_2 焊弧焊电源及附属设备的调节、使用方法。

2）掌握 CO_2 焊的引弧、运弧、接头、熄弧等操作要领。

3）掌握不开坡口角对接双面焊操作技巧和方法。

（2）训练内容

1）填写焊接工艺卡，见表 6-4。

表 6-4　焊接工艺卡

焊件厚度	装配间隙	焊丝直径	焊接电流	电弧电压	焊枪角度	运弧方法	反变形量

2）焊接设备的使用和调节。

3）焊接参数的选择见表 6-5，重点是焊接电流与电弧电压匹配的调节。

表 6-5　焊接参数

焊丝直径/mm	焊丝伸出长度/mm	焊接电流/A	焊接电压/V	气体流量/L·min
$\phi1.0$	10~15	110~130	19~21	10~15

4）焊脚高度控制在 8mm 及焊缝凸凹度的控制。

5）焊波均匀及焊缝宽窄、高低平整等的掌控，做到焊缝表面无任何焊接缺陷。

（3）工时定额　工时定额为 20min。

（4）安全文明生产

1）认真执行安全技术操作规程。

2）正确穿戴劳动保护用品。

3）严格遵守文明生产规定，做到焊接场地整洁，工件、工具摆放整齐。

4）焊接结束应切断电源和气源，并清理焊接现场，检查有无安全隐患。

4. 训练步骤

1）看清训练项目内容，了解技术要求。检查焊件是否符合焊接要求。

2）认真完成焊前的各项检查、调试等准备工作。

3）起动焊机，打开气源后，仔细检查焊机电路、气路系统工况是否正常。

4）根据需要选择和调节合适的焊接电流、电弧电压和气体流量等。

5）认真清理和打磨焊件待焊处，直至露出金属光泽。

6）检查定位焊是否符合要求。

7）按照焊接工艺及操作要领施焊，注意操作方法的正确性。

8）施焊过程保证稳定的工作位置和焊枪角度及控制 CO_2 气体对熔池的保护作用。

9）焊后检测焊缝尺寸及表面质量。

5. 训练时间

训练时间为 12 学时。

6. 评分标准

项目配分及评分标准见表 6-6。

表 6-6　项目配分及评分标准

序号	检测项目	配分	技　术　标　准	实测情况	得分	备注
1	焊缝凸度	8	允许差 1mm，每超差 1mm 扣 4 分			
2	焊缝凹度	8	允许差 1mm，每超差 1mm 扣 4 分			
3	焊脚高度	10	允许差 1mm，每超差 1mm 扣 5 分			
4	接头成形	10	要求整齐，美观，成形良好，有一处脱节或超高扣 5 分			
5	焊缝直线度	10	平直，否则每处扣 5 分			
6	表面未熔合	8	无，否则每处扣 8 分			
7	咬边	8	深<0.5mm，每长 10mm 扣 4 分；深>0.5mm，每长 10mm 扣 8 分			
8	弧坑	6	无，否则每处扣 6 分			
9	焊件变形	6	允许差 1°，每超差 1° 扣 3 分			
10	表面气孔	8	无，否则每处扣 8 分			
11	电弧擦伤	6	无，否则每处扣 6 分			
12	焊件清洁	6	清洁，否则每处扣 3 分			
13	安全文明生产	6	劳保用品穿戴整齐，服从管理，文明操作，否则扣 6 分			
	总分	100	项目训练成绩			

项目训练三　厚 12mm 钢板 V 形坡口对接平焊（单面焊双面成形）

1. 训练图样

V 形坡口对接平焊单面焊双面成形图样如图 6-11 所示。

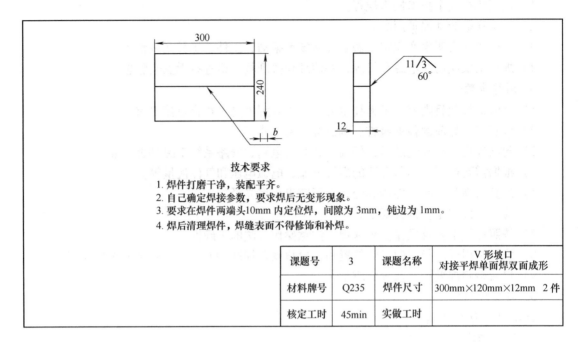

技术要求
1. 焊件打磨干净，装配平齐。
2. 自己确定焊接参数，要求焊后无变形现象。
3. 要求在焊件两端头10mm 内定位焊，间隙为 3mm，钝边为 1mm。
4. 焊后清理焊件，焊缝表面不得修饰和补焊。

课题号	3	课题名称	V 形坡口 对接平焊单面焊双面成形
材料牌号	Q235	焊件尺寸	300mm×120mm×12mm　2 件
核定工时	45min	实做工时	

图 6-11　训练图样

2. 焊前准备

（1）焊接方法　半自动 CO_2 焊。

（2）钢材牌号　Q235。

（3）焊丝牌号　H08Mn2SiA，焊丝为实心焊丝，直径为 $\phi 1.0$mm。

（4）焊件尺寸　$L \times B \times S = 300$mm×120mm×12mm。

（5）焊接位置　平焊位置。

（6）接头形式　对接接头。

（7）坡口形式　V 形坡口，坡口角度为 60°。

（8）焊接场地、焊机及辅助设备、工量具

1）场地。具有良好的采光、照明、除尘条件及适合各种位置焊接的焊接胎夹具。

2）焊机。NBC-350 焊机。

3）辅助设备。内置或外置送丝机、CO_2 气瓶、流量计、焊枪、电缆、胶管等。

4）工量具。锤子、錾子、钢丝刷、90°角尺、焊缝测量器、角向磨光机等。

3. 训练要求

（1）训练目的

1）熟练掌握 CO_2 焊弧焊电源及附属设备的调节、使用方法。

2）熟练掌握 CO_2 焊的引弧、运弧、接头、熄弧等操作要领。

3）掌握开坡口平对接单面焊双面成形操作技巧和方法。

（2）训练内容

1）填写焊接工艺卡，见表 6-7。

表6-7　焊接工艺卡

焊件厚度	装配间隙	焊丝直径	焊接电流	电弧电压	焊枪角度	运弧方法	反变形量

2）焊接设备的使用和调节。

3）焊接参数的选择见表6-8，重点是焊接电流与电弧电压匹配的调节。

表6-8　焊接参数

焊接层次	焊丝直径/mm	焊丝伸出长度/mm	焊接电流/A	焊接电压/V	气体流量/L·min
打底层	$\phi 1.0$	10~15	90~110	18~20	10~15
填充层	$\phi 1.0$	10~15	110~130	19~21	10~15
盖面层	$\phi 1.0$	10~15	110~130	19~21	10~15

4）余高和焊缝宽度的控制。

5）焊波均匀及焊缝宽窄、高低平整等的掌控，做到焊缝表面无任何焊接缺陷。

（3）工时定额　工时定额为45min。

（4）安全文明生产

1）认真执行安全技术操作规程。

2）正确穿戴劳动保护用品。

3）严格遵守文明生产规定，做到焊接场地整洁，工件、工具摆放整齐。

4）焊接结束应关闭电焊机和气瓶阀门，并清理焊接现场，检查有无安全隐患。

4. 训练步骤

1）看清训练项目内容，了解技术要求。检查焊件是否符合焊接要求。

2）认真完成焊前的各项检查、调试等准备工作。

3）起动焊机，打开气源后，仔细检查焊机电路、气路系统工况是否正常。

4）根据需要选择和调节合适的焊接电流、电弧电压和气流量等。

5）认真清理和打磨焊件待焊处，直至露出金属光泽。

6）检查定位焊是否符合要求并预留反变形量3°~5°。

7）按照焊接工艺及操作要领施焊，注意操作方法的正确性。

8）施焊过程保证稳定的工作位置和焊枪角度及控制 CO_2 气体对熔池的保护作用。

9）焊后检测焊缝尺寸及表面质量。

5. 训练时间

训练时间为30学时。

6. 评分标准

项目配分及评分标准见表6-9。

表 6-9　项目配分及评分标准

序号	检测项目	配分	技 术 标 准	实测情况	得分	备注
1	余高	8	允许余高 0~3mm，每超差 1mm 扣 4 分			
2	焊缝宽度	10	允许宽度 8~10mm，每超差 1mm 扣 5 分			
3	焊缝高低差	8	允许高低差 1mm，每超差 1mm 扣 4 分			
4	接头成形	6	要求整齐，美观，成形良好，有一处脱节或超高扣 3 分			
5	焊缝宽度差	8	允许宽度差 1mm，每超差 1mm 扣 4 分			
6	焊缝平直度	10	平直，否则每处扣 5 分			
7	表面未熔合	10	无，否则每处扣 10 分			
8	咬边	8	深<0.5mm，每长 10mm 扣 4 分；深>0.5mm，每长 10mm 扣 8 分			
9	弧坑	4	无，否则每处扣 4 分			
10	焊件变形	10	允许差 1°，每超差 1° 扣 4 分			
11	表面气孔	6	无，否则每处扣 6 分			
12	电弧擦伤	6	无，否则每处扣 6 分			
13	焊件清洁	2	清洁，否则每处扣 2 分			
14	安全文明生产	4	劳保用品穿戴整齐，服从管理，文明操作，否则扣 4 分			
	总分	100	项目训练成绩			

第二节　CO$_2$焊横焊操作技术

横焊位置焊接时，由于焊缝处于焊缝倾角为 0°、180°，转角为 0°、180° 的焊接位置，液态金属在自重作用下易下淌，在焊缝上侧易产生咬边，在焊缝下侧易产生焊瘤和未熔合等缺陷。因此，要正确调节焊接电流与电弧电压的匹配，严格控制焊接速度。随时根据焊接过程中熔池温度变化和形状尺寸大小变化情况，及时调整焊枪角度，灵活运弧，以保证焊接过程顺利进行。

一、不开坡口焊件对接横焊

当焊接较薄焊件时，可采用不开坡口的对接双面横焊方法，坡口形式采用 I 形坡口。它通常适用于不重要结构的焊接。施焊前，要正确调节合适的焊接电流与电弧电压，使其达到最佳的匹配值，以获得完美的焊缝成形。施焊时，焊枪与焊件成 80°~90° 角，焊枪的后倾夹角为 75°~85°，如图 6-12 所示。电弧可采用直线形或小锯齿形上下摆动方法进行焊接，这样使熔池中的熔化金属有机会凝固，以防止烧穿。焊件较厚时，电弧采用斜划圈方法进行焊接，可有效地防止焊缝上坡口咬边，焊缝下坡口熔化金属下淌等现象，以获得成形良好的焊缝。

当焊接正面焊缝时，熔深应达到焊件厚度的 2/3。焊接反面焊缝时，应将正面焊接时所渗漏的熔渣等杂物清理干净，熔深达到焊件厚度的 2/3，保证正反面焊缝交界处有 1/3 的重叠，以保证焊件焊透。焊完后的正反面焊缝余高为 0~3mm，焊缝宽度为 8~10mm。

二、开坡口焊件对接横焊

开坡口焊件对接横焊时，为了保证焊件焊透，当焊件厚度为 6~8mm 时，可采用多层双面焊操作。焊件厚度大于 8mm 时，可采用多层多道焊的单面焊双面成形技术。开坡口焊件对接横焊常用的坡口形

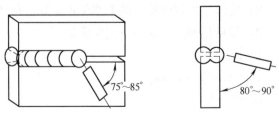

图 6-12　不开坡口焊件对接横焊焊枪角度示意图

式有 V 形和 K 形坡口两种，一般采用多层多道双面焊和多层多道单面焊双面成形方法。

开坡口焊件对接横焊由于焊道较多，角变形较大，而角变形的大小既与焊接参数有关，又与焊缝层数、每层焊道数目及焊道之间的间歇时间有关。通常，熔池大、焊道间歇时间短、层间温度高时，角变形大；反之，角变形小。因此，操作人员应在焊接过程中，仔细摸索角变形的规律，焊前留足反变形余量，防止焊后焊件变形。对接横焊一般采用左焊法进行施焊，焊接层数道数的多少，可根据焊件厚度来决定。焊件厚度越厚，焊接层数和道数越多。开坡口焊件对接横焊焊层道数如图 6-13 所示，各层各道焊缝焊接时的焊枪角度如图 6-14 所示。下面以 300mm×240mm×12mm 板焊接为例进行介绍。

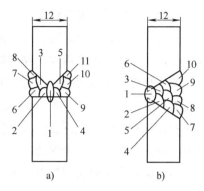

图 6-13　开坡口焊件对接横焊焊层道数示意图
a) K 形坡口　b) V 形坡口

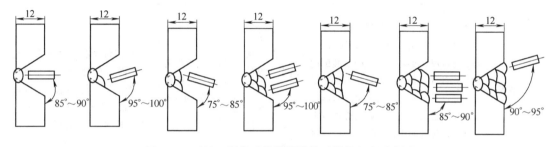

图 6-14　开坡口焊件对接横焊焊接时焊枪角度示意图

（1）多层多道双面焊　多层多道双面焊包括打底层焊、填充层焊和盖面层焊，如图 6-13a 所示。定位焊缝在焊件两端头进行，气体流量 10~15L/min。

打底层焊时，采用单道焊法。焊接电流、电弧电压及运弧方法等可视坡口间隙大小情况而定。可采用月牙形或锯齿形上下摆动运弧法。焊接过程中，要仔细观察熔池和熔孔，始终保持熔孔边缘超过坡口棱边 0.5~1mm，如图 6-15 所示。并根据间隙调整焊接速度及焊枪的摆幅，保持上下两侧熔孔尺寸不变。

填充层焊时，焊接电流适当加大，电弧横向摆动的幅度视坡口宽度进行适当调整。焊完后的填充层焊缝应比母材表面低 1~2mm，这样使盖面层焊接时能看清坡口，保证盖面层焊缝边缘平直，焊缝与母材圆滑过渡。

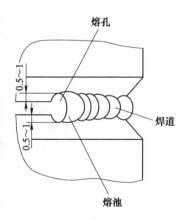

图 6-15　横焊熔孔与焊道

盖面层焊时，电弧横向摆动的幅度根据坡口宽度及焊道的条数进行合理的调整。盖面层第一道和最后一道焊缝，电弧摆动到坡口两侧时应稍作停顿，使焊缝与坡口边缘熔合良好，无下垂及咬边现象。焊完后的盖面层焊缝应宽窄整齐，高低平整，焊波均匀一致。

（2）多层多道单面焊双面成形　多层多道单面焊双面成形包括打底层焊、填充层焊和盖面层焊，如图6-13b所示。其中打底层焊是单面焊接，正反双面成形，而反面焊缝为正式表面焊缝，因此操作难度较大。

打底层焊时，定位焊缝在焊件两端头进行，装配间隙始焊处为3mm，终焊处为3.5mm。焊接时，注意调整焊枪角度，要把焊丝送入坡口根部，以电弧能将坡口两侧钝边完全熔化为好。要认真观察熔池的温度、熔池的形状和熔孔的大小。打底层焊接过程中，坡口根部两侧熔孔大小应始终保持在0.5~1mm之间不变，以保证背面焊缝成形均匀、美观，背面焊缝余高控制在0~3mm。若熔孔过大，则背面焊缝余高过高，甚至形成焊瘤或烧穿。若熔孔过小，则坡口两侧根部易造成未焊透。

填充层焊和盖面层焊与多层单道双面焊相同。

实训四 K形坡口对接双面横焊的操作步骤

序号	操作程序	操作技术要领	技术依据质量标准	检验方法	易产生问题及焊接缺陷	产生原因及防治措施
4-1	装配	将两块板放于水平位置，使两端头对平齐，在两端头10mm内进行定位焊，定位焊长度应小于10mm。装配间隙始焊处3.0mm，终焊处3.5mm。反变形角度3°~5°，注意定位焊的焊接电流不宜过大。把装配好的焊件按垂直水平面位置固定在操作台或焊接胎具（架）上，准备施焊	两板端头齐，两板板面平。焊件位置垂直水平面，放置稳定，牢固夹紧	检查定位焊缝质量，焊件固定后应不松动、不跌落	定位焊缝没有焊牢固，有错边；焊件位置与水平面不垂直；焊接有松动	定位焊缝应焊接牢靠，无错边；焊件尽可能放置与水平面垂直；焊件尽可能牢固夹紧
4-2	姿势	焊接时，身体呈下蹲姿势，上身挺直稍向前倾，双脚跟着地八字蹲稳。根据焊缝的长度确定身体与焊缝的相对位置。注意应保证整条焊缝焊接过程中视线无遮挡，始终可以观察到电弧。采用双手持枪，右手握焊枪，左手辅助托起焊枪，保持焊枪稳定。手臂半悬空，以小臂与右手腕配合，控制与焊件的角度、焊接速度及电弧的摆动运弧	人体蹲稳，手臂悬空，手腕运弧自如	自己试蹲操作姿势、操作位置，感觉自如	双脚跟不着地，蹲姿不稳；双臂肘依托、依靠大腿不灵活	根据要领进行横焊姿势、蹲位的训练；双臂半悬空平稳，手腕运弧灵活自如
4-3	引弧	焊枪内焊丝端头距始焊处2mm，按动按钮，随后自动送气、送电、送丝，焊丝与焊件表面相接触而短路起弧。此时，由于焊丝与焊件接触而产生一个反弹力，操作者应握紧焊枪，勿使焊枪因冲击而回升，一定要保持喷嘴与焊件表面距离恒定，这是防止引弧时产生缺陷的关键	采用焊丝直径为1mm。保证喷嘴与焊件表面距离恒定	检查始焊处焊缝尺寸及焊接质量	始焊处焊缝不在端头和接缝上；始焊处焊缝产生高低不平、宽窄不齐现象	按要求正确掌握引弧始焊技术；引弧后焊速过快造成；适当预热，焊速适合，小幅摆动

（续）

序号	操作程序	操作技术要领	技术依据质量标准	检验方法	易产生问题及焊接缺陷	产生原因及防治措施
4-4	运弧	电弧需要有三个力同时作用于熔池：一是随着焊丝的熔化焊枪及时向前给送；二是随着熔池温度和尺寸变化焊枪向前进方向移动形成焊缝；三是根据焊缝宽度和熔合的需要横向摆动，直线运弧除外。当电弧摆动到坡口两侧棱边时应稍作停顿，避免焊缝产生咬边和熔合不良现象	焊缝平直，宽窄一致。焊缝正背面余高为0~3mm	检查焊缝表面缺陷，用检测尺检查焊缝外观尺寸	焊缝高低不平、宽窄不齐，有脱节现象	严格控制焊接速度，调整焊枪角度，摆动幅度不要太大，熟练运弧
4-5	接头	打底层焊时，在收弧处后端5mm处引燃电弧，快速摆动至接头部时下压并稍作停顿，待填满弧坑后正常向焊接方向施焊。填充层和盖面层焊时，在收弧处前端5mm处引燃电弧，快速摆动至接头端部稍作停顿，待填满弧坑后正常向焊接方向进行施焊	接头过渡平整，不过高或不脱节，无焊瘤或未焊透	检查接头处焊缝质量，用测量器测定焊缝接头处尺寸	接头焊瘤、接头脱节、接头超高	电弧停留时间过长或过短，下压过低或不够造成。熟练操作手法，控制停留时间
4-6	熄弧	当中断焊接过程或焊至终焊处熄弧时，按动按钮，电弧熄灭，焊枪应在熄弧处停留3~5s后方可移开，以保证熔池在冷却凝固时得到可靠的CO₂气体滞后保护，此时自动断电、断气，焊接过程结束	终焊熄弧处焊缝饱满无缺陷，焊缝尺寸与整条焊缝一致	检查终焊熄弧处焊接质量，用焊缝测量器测定焊缝尺寸	终焊熄弧处弧坑塌陷，温度过高产生气孔	采用断弧法降温，缩小熔池面积填满弧坑，熄弧动作要干净利落

实训五　V形坡口对接横焊单面焊双面成形的操作步骤

序号	操作程序	操作技术要领	技术依据质量标准	检验方法	易产生问题及焊接缺陷	产生原因及防治措施
5-1	装配	将两块板放于水平位置，使两端头对平齐，在两端头10mm内进行定位焊，定位焊长度应小于10mm。装配间隙始处3.0mm，终焊处3.5mm。反变形角度3°~5°，注意定位焊的焊接电流不宜过大。把装配好的焊件按垂直水平面位置固定在操作平台或焊接胎具（架）上，准备施焊	两板端头齐，两板板面平。焊件位置垂直水平面，放置稳定，牢固夹紧	检查定位焊缝质量，焊件固定后应不松动、不跌落	定位焊缝没有焊牢固，有错边；焊件位置与水平面不垂直；焊件有松动	定位焊缝应焊接牢靠，无错边；焊件尽可能放置与水平面垂直；焊件尽可能牢固夹紧
5-2	姿势	焊接时，身体呈下蹲姿势，上身挺直稍向前倾，双脚跟着地八字蹲稳。根据焊缝的长度确定身体与焊缝的相对位置。注意应保证整条焊缝焊接过程中视线无遮挡，始终可以观察到电弧。采用双手持枪，右手握焊枪，左手辅助托起焊枪，保持焊枪稳定。手臂半悬空，以小臂与右手腕配合，控制与焊件的角度、焊接速度及电弧的摆动运弧	人体蹲稳，手臂悬空，手腕运弧自如	自己试蹲操作姿势、操作位置，感觉自如	双脚跟不着地，蹲姿不稳；双臂肘依托、依靠大腿不灵活	根据要领进行横焊姿势、蹲位的训练；双臂半悬空平稳，手腕运弧灵活自如

（续）

序号	操作程序	操作技术要领	技术依据质量标准	检验方法	易产生问题及焊接缺陷	产生原因及防治措施
5-3	引弧	焊枪内焊丝端头距始焊处 2mm，按动按钮，随后自动送气、送电、送丝，焊丝与焊件表面相接触而短路起弧。此时，由于焊丝与焊件接触而产生一个反弹力，操作者应握紧焊枪，勿使焊枪因冲击而回升，一定要保持喷嘴与焊件表面距离恒定，这是防止引弧时产生缺陷的关键	采用焊丝直径为 1mm。保证喷嘴与焊件表面距离恒定	检查始焊处焊缝尺寸及焊接质量	始焊处焊缝不在端头和接缝上；始焊处焊缝产生高低不平、宽窄不齐现象	按要求正确掌握引弧始焊技术；引弧后焊速过快造成；适当预热，焊速适合，小幅摆动
5-4	运弧	电弧需要有三个力同时作用于熔池：一是随着焊丝的熔化焊枪及时向前给送；二是随着熔池温度和尺寸变化焊枪向前进方向移动形成焊缝；三是根据焊缝宽度和熔合的需要横向摆动，直线运弧除外。当电弧摆动到坡口两侧棱边时应稍作停顿，避免焊缝产生咬边和熔合不良现象	焊缝平直，宽窄一致。焊缝正背面余高为 0~3mm	检查焊缝表面缺陷，用检测尺检查焊缝外观尺寸	焊缝高低不平、宽窄不齐，有脱节现象	严格控制焊接速度，调整焊枪角度，摆动幅度不要太大，熟练运弧
5-5	接头	打底层焊时，在收弧后端 5mm 处引燃电弧，快速摆动至接头端部时下压并稍作停顿，待填满弧坑后正常向焊接方向施焊。填充层焊和盖面层焊时，在收弧处前端 5mm 处引燃电弧，快速摆动至接头端部稍作停顿，待填满弧坑后正常向焊接方向进行施焊	接头过渡平整，不过高或不脱节，无焊瘤或未焊透	检查接头处焊缝质量，用测量器测定焊缝接头处尺寸	接头焊瘤、接头脱节、接头超高	电弧停留时间过长或过短，下压过低或不够造成。熟练操作手法，控制停留时间
5-6	熄弧	当中断焊接过程或焊至终焊处熄弧时，按动按钮，电弧熄灭，焊枪应在熄弧处停留 3~5s 后方可移开，以保证熔池在冷却凝固时得到可靠的 CO₂ 气体滞后保护，此时自动断电、断气，焊接过程结束	终焊熄弧处焊缝饱满无缺陷，焊缝尺寸与整条焊缝一致	检查终焊熄弧处焊接质量，用焊缝测量器测定焊缝尺寸	终焊熄弧处弧坑塌陷，温度过高产生气孔	采用断弧法降温，缩小熔池面积并填满弧坑，熄弧动作要干净利落

项目训练四　厚 12mm 钢板 K 形坡口对接横焊（双面焊）

1. 训练图样

K 形坡口对接横焊双面焊图样如图 6-16 所示。

2. 焊前准备

（1）焊接方法　半自动 CO₂ 焊。

（2）钢材牌号　Q235。

（3）焊丝牌号　H08Mn2SiA，焊丝为实芯焊丝，尺寸为 ϕ1.0mm。

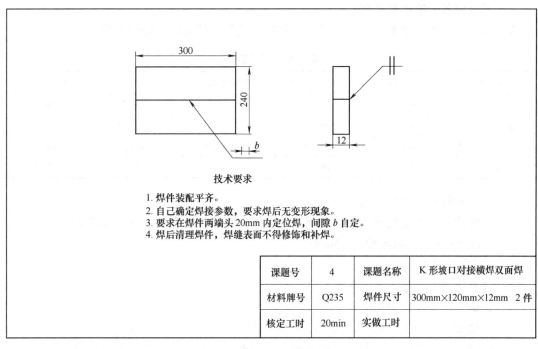

技术要求

1. 焊件装配平齐。
2. 自己确定焊接参数，要求焊后无变形现象。
3. 要求在焊件两端头20mm内定位焊，间隙b自定。
4. 焊后清理焊件，焊缝表面不得修饰和补焊。

课题号	4	课题名称	K形坡口对接横焊双面焊
材料牌号	Q235	焊件尺寸	300mm×120mm×12mm 2件
核定工时	20min	实做工时	

图 6-16　训练图样

（4）焊件尺寸　$L×B×S=300\text{mm}×120\text{mm}×12\text{mm}$。

（5）焊接位置　横焊位置。

（6）接头形式　对接接头。

（7）坡口形式　K形坡口。

（8）焊接场地、焊机及辅助设备、工量具

1）场地。具有良好的采光、照明、除尘条件及适合各种位置焊接的焊接胎夹具。

2）焊机。NBC-350焊机。

3）辅助设备。内置或外置送丝机、CO₂气瓶、流量计、焊枪、电缆、气管等。

4）工量具。锤子、錾子、钢丝刷、90°角尺、焊缝测量器、角向磨光机等。

3. 训练要求

（1）训练目的

1）熟练掌握CO₂焊弧焊电源及附属设备的调节、使用方法。

2）学会CO₂焊的引弧、运弧、接头、熄弧等操作要领。

3）掌握开K形坡口对接双面横焊操作技巧和方法。

（2）训练内容

1）填写焊接工艺卡，见表6-10。

表 6-10　焊接工艺卡

焊件厚度	装配间隙	焊丝直径	焊接电流	电弧电压	焊枪角度	运弧方法	反变形量

2）焊接设备的使用和调节。

3）焊接参数的选择见表 6-11，重点是焊接电流与电弧电压匹配的调节。

表 6-11 焊接参数

焊接层次	焊丝直径/mm	焊丝伸出长度/mm	焊接电流/A	焊接电压/V	气体流量/L·min
打底层	φ1.0	10~15	90~110	18~20	10~15
封底层	φ1.0	10~15	110~130	19~21	10~15
填充层	φ1.0	10~15	110~130	19~21	10~15
盖面层	φ1.0	10~15	110~130	19~21	10~15

4）余高和焊缝宽度的控制。

5）焊波均匀及焊缝宽窄、高低平整等的掌控，做到焊缝表面无任何焊接缺陷。

（3）工时定额　工时定额为 45min。

（4）安全文明生产

1）认真执行安全技术操作规程。

2）正确穿戴劳动保护用品。

3）严格遵守文明生产规定，做到焊接场地整洁，工件、工具摆放整齐。

4）焊接结束应及时关闭电焊机和气源，并清理焊接现场，检查有无安全隐患。

4. 训练步骤

1）看清训练项目内容，了解技术要求。检查焊件是否符合焊接要求。

2）认真完成焊前的各项检查、调试等准备工作。

3）起动焊机，打开气源后，仔细检查焊机电路、气路系统工况是否正常。

4）根据需要选择和调节合适的焊接电流、电弧电压和气体流量等。

5）认真清理和打磨焊件待焊处，直至露出金属光泽。

6）检查定位焊是否符合要求。

7）按照焊接工艺及操作要领施焊，注意操作方法的正确性。

8）施焊过程保证稳定的工作位置和焊枪角度及控制 CO$_2$ 气体对熔池的保护作用。

9）焊后检测焊缝尺寸及表面质量。

5. 训练时间

训练时间为 30 学时。

6. 评分标准

项目配分及评分标准见表 6-12。

表 6-12 项目配分及评分标准

序号	检测项目	配分	技 术 标 准	实测情况	得分	备注
1	余高	8	允许余高 0~3mm，每超差 1mm 扣 4 分			
2	焊缝宽度	10	允许宽度 8~10mm，每超差 1mm 扣 5 分			
3	焊缝高低差	8	允许高低差 1mm，每超差 1mm 扣 4 分			
4	接头成形	6	要求整齐，美观，成形良好，有一处脱节或超高扣 3 分			
5	焊缝宽度差	8	允许宽度差 1mm，每超差 1mm 扣 4 分			

（续）

序号	检测项目	配分	技 术 标 准	实测情况	得分	备注
6	焊缝平直度	10	平直，否则每处扣5分			
7	表面未熔合	10	无，否则每处扣10分			
8	咬边	8	深<0.5mm，每长10mm扣4分；深>0.5mm，每长10mm扣8分			
9	弧坑	4	无，否则每处扣4分			
10	焊件变形	10	允许差1°，每超差1°扣4分			
11	表面气孔	6	无，否则每处扣6分			
12	电弧擦伤	6	无，否则每处扣6分			
13	焊件清洁	2	清洁，否则每处扣2分			
14	安全文明生产	4	劳保用品穿戴整齐，服从管理，文明操作，否则扣4分			
	总分	100	项目训练成绩			

项目训练五 厚12mm钢板V形坡口对接横焊（单面焊双面成形）

1. 训练图样

V形坡口对接横焊单面焊双面成形图样如图6-17所示。

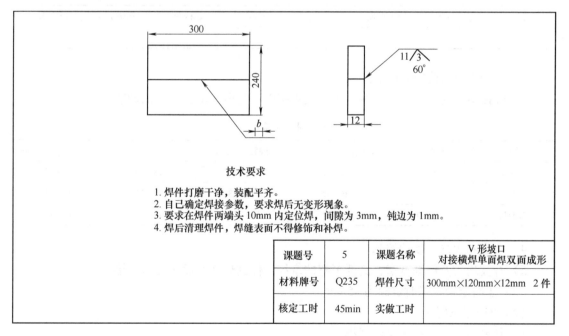

技术要求

1. 焊件打磨干净，装配平齐。
2. 自己确定焊接参数，要求焊后无变形现象。
3. 要求在焊件两端头10mm内定位焊，间隙为3mm，钝边为1mm。
4. 焊后清理焊件，焊缝表面不得修饰和补焊。

课题号	5	课题名称	V形坡口对接横焊单面焊双面成形
材料牌号	Q235	焊件尺寸	300mm×120mm×12mm 2件
核定工时	45min	实做工时	

图6-17 训练图样

2. 焊前准备

（1）焊接方法 半自动CO₂焊。

（2）钢材牌号 Q235。

（3）焊丝牌号 H08Mn2SiA，焊丝为实心焊丝，尺寸为ϕ1.0mm。

（4）焊件尺寸 $L \times B \times S = 300\text{mm} \times 120\text{mm} \times 12\text{mm}$。

（5）焊接位置　横焊位置。

（6）接头形式　对接接头。

（7）坡口形式　V形坡口，单边坡口角度为30°。

（8）焊接场地、焊机及辅助设备、工量具

1）场地。具有良好的采光、照明、除尘条件及适合各种位置焊接的焊接胎夹具。

2）焊机。NBC-350焊机。

3）辅助设备。内置或外置送丝机、CO_2气瓶、流量计、焊枪、电缆、胶管等。

4）工量具。锤子、錾子、钢丝刷、90°角尺、焊缝测量器、角向磨光机等。

3. 训练要求

（1）训练目的

1）熟练掌握CO_2焊弧焊电源及附属设备的调节、使用方法。

2）熟练掌握CO_2焊的引弧、运弧、接头、熄弧等操作要领。

3）掌握开坡口横对接单面焊双面成形操作技巧和方法。

（2）训练内容

1）填写焊接工艺卡，见表6-13。

表6-13　焊接工艺卡

焊件厚度	装配间隙	焊丝直径	焊接电流	电弧电压	焊枪角度	运弧方法	反变形量

2）焊接设备的使用和调节。

3）焊接参数的选择见表6-14，重点是焊接电流与电弧电压匹配的调节。

表6-14　焊接参数

焊接层次	焊丝直径/mm	焊丝伸出长度/mm	焊接电流/A	焊接电压/V	气体流量/L·min
打底层	φ1.0	10~15	90~110	18~20	10~15
填充层	φ1.0	10~15	110~130	19~21	10~15
盖面层	φ1.0	10~15	110~130	19~21	10~15

4）余高和焊缝宽度的控制。

5）焊波均匀及焊缝宽窄、高低平整的掌控，做到焊缝表面无任何焊接缺陷。

（3）工时定额　工时定额为45min。

（4）安全文明生产

1）认真执行安全技术操作规程。

2）正确穿戴劳动保护用品。

3）严格遵守文明生产规定，做到焊接场地整洁，工件、工具摆放整齐。

4）焊接结束应关闭电焊机和气瓶阀门，并清理焊接现场，检查有无安全隐患。

4. 训练步骤

1）看清训练项目内容，了解技术要求。检查焊件是否符合焊接要求。

2）认真完成焊前的各项检查、调试等准备工作。

3）起动焊机，打开气源后，仔细检查焊机电路、气路系统工况是否正常。

4）根据需要选择和调节合适的焊接电流、电弧电压和气体流量等。

5）认真清理和打磨焊件待焊处，直至露出金属光泽。

6）检查定位焊是否符合要求并预留反变形量5°~8°。

7）按照焊接工艺及操作要领施焊，注意操作方法的正确性。

8）施焊过程保证稳定的工作位置和焊枪角度及控制CO_2气体对熔池的保护作用。

9）焊后检测焊缝尺寸及表面质量。

5. 训练时间

训练时间为30学时。

6. 评分标准

项目配分及评分标准见表6-15。

表6-15　项目配分及评分标准

序号	检测项目	配分	技　术　标　准	实测情况	得分	备注
1	余高	8	允许余高0~3mm，每超差1mm扣4分			
2	焊缝宽度	10	允许宽度8~10mm，每超差1mm扣5分			
3	焊缝高低差	8	允许高低差1mm，每超差1mm扣4分			
4	接头成形	6	要求整齐，美观，成形良好，有一处脱节或超高扣3分			
5	焊缝宽度差	8	允许宽度差1mm，每超差1mm扣4分			
6	焊缝平直度	10	平直，否则每处扣5分			
7	表面未熔合	10	无，否则每处扣10分			
8	咬边	8	深<0.5mm，每长10mm扣4分；深>0.5mm，每长10mm扣8分			
9	弧坑	4	无，否则每处扣4分			
10	焊件变形	10	允许差1°，每超差1°扣4分			
11	表面气孔	6	无，否则每处扣6分			
12	电弧擦伤	6	无，否则每处扣6分			
13	焊件清洁	2	清洁，否则每处扣2分			
14	安全文明生产	4	劳保用品穿戴整齐，服从管理，文明操作，否则扣4分			
	总分	100	项目训练成绩			

第三节　CO₂焊立焊操作技术

立焊位置焊接时，由于焊缝处于焊缝倾角为90°（向上立焊）、270°（向下立焊）的焊接位置，液态金属在重力作用下易下坠，使焊缝成形受到影响，容易产生焊接缺陷。因此，要正确调节焊接电流与电弧电压的匹配，严格控制焊接速度。随时根据焊接过程中熔池温度变化和形状尺寸大小的变化情况，及时调整焊枪角度和摆动速度，灵活运弧，以保证焊接过程顺利进行。

立焊位置焊接时，焊接方向分向上立焊和向下立焊两种。由于立向下焊接时，熔池金属因自重下坠，造成焊缝熔深较浅，没有足够的强度，应用范围较窄。目前生产中应用最广泛的是向上立焊法，下面主要介绍这种焊接法。

一、对接立焊

1. 不开坡口的对接立焊

不开坡口的对接立焊只适用于薄板的焊接。施焊前，要正确调节合适的焊接电流与电弧电压，使其达到最佳的匹配值，以获得完美的焊缝成形。焊接时，采用坡口形式为 I 形坡口，热源自下向上进行焊接。由于立焊时易造成咬边、焊瘤、烧穿等缺陷。因此，采用的焊接参数应比平焊时小 10%～15%，以减小熔滴的体积，减轻重力的影响，有利熔滴的过渡。焊接时，焊枪与焊缝对中角度呈 90°，焊枪下倾夹角 75°～85°，如图 6-18 所示。以锯齿形节距较小的摆动方式运弧进行施焊。

图 6-18　不开坡口对接立焊焊枪角度示意图

2. 开坡口的对接立焊

当板厚大于 6mm 时，电弧的热量很难熔透焊缝根部，为了保证焊件焊透，必须开坡口。坡口的形式主要根据焊件的厚度来选择，一般常用的对接坡口形式有 V 形、X 形等。

开坡口的焊件对接立焊时，一般采用多层单道双面焊和多层单道单面焊双面成形方法，焊接层数的多少，可根据焊件厚度来决定。焊件板厚越厚，焊层越多。

（1）多层单道双面焊　多层单道双面焊包括打底层焊、封底层焊和盖面层焊。其中每一层焊缝都为单道焊缝，如图 6-19a 所示。热源自下向上进行焊接。下面以300mm×240mm×12mm 板焊接为例进行说明。

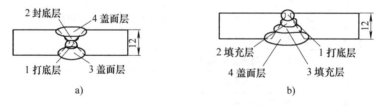

图 6-19　开坡口对接立焊焊层示意图
a）X 形坡口　b）V 形坡口

打底层焊时，焊接电流、电弧电压、焊接速度及运弧方法等可视坡口间隙大小情况而定。可采用月牙形或锯齿形横向摆动运弧法，注意坡口两侧熔合情况并防止烧穿。

封底层焊时，应先将焊件反面熔渣等污物清理干净后再进行焊接，操作要领与不开坡口对接立焊相同。

盖面层焊时，电弧横向摆动的幅度随坡口宽度的增大而加大。采用月牙形（下凹月牙形）或锯齿形横向摆动运弧施焊。电弧摆动到坡口两侧时应稍作停顿，使坡口两侧温度均衡，焊缝熔合良好，边缘平直，避免产生咬边缺陷。焊完后的盖面层焊缝应宽窄整齐，高低平整，焊波均匀一致。

（2）多层单道单面焊双面成形　多层单道单面焊双面成形包括打底层焊、填充层焊和盖面层焊。热源自下向上进行焊接，其中打底层焊是单面焊接，正反双面成形，而反面焊缝为正式表面焊缝，因此操作难度较大，如图 6-19b 所示。

　　打底层焊时，定位焊缝在焊件两端头进行，装配间隙始焊处为3mm，终焊处为3.5mm。焊接时，注意调整焊枪角度，要把焊丝送入坡口根部，以电弧能将坡口两侧钝边完全熔化为好。要认真观察熔池的温度、熔池的形状和熔孔的大小。打底层焊接过程中，坡口根部两侧熔孔大小应始终保持在0.5~1mm之间不变，以保证反面焊缝成形均匀、美观。若熔孔过大，则反面焊缝余高过高，甚至形成焊瘤或烧穿。若熔孔过小，则坡口两侧根部易造成未焊透。电弧摆动到坡口两侧时稍作停顿，避免出现沟槽现象。

　　填充层焊时，焊接参数适当加大，电弧横向摆动的幅度视坡口宽度的增大而加大。采用月牙形（上凸月牙形）或锯齿形横向摆动运弧施焊。电弧摆动到坡口两侧时稍作停顿，避免出现沟槽现象。焊完最后一层填充层焊缝应比母材表面低1~2mm，并保证坡口两侧棱边不被熔化，这样使盖面层焊接时能看清坡口，保证盖面层焊缝边缘平直，焊缝与母材圆滑过渡。

　　多层单道单面焊双面成形的盖面层焊与多层单道双面焊相同。

二、角接立焊

1. 不开坡口的角接立焊

　　当板厚小于6mm时，一般采用不开坡口的正反面单层单道角接立焊，热源自下向上进行焊接，焊缝的坡口形式为I形，如图6-20所示。施焊前，要正确调节合适的焊接电流与电弧电压，使其达到最佳的匹配值，以获得完美的焊缝成形。由于角接立焊在操作时容易产生焊缝根部未焊透、焊缝两侧咬边、焊缝中部下垂等缺陷，所以在操作时必须选择合适的焊接参数，及时调整焊枪角度。应以锯齿形或月牙形（上凸月牙形）摆动运弧进行施焊，电弧摆动到焊缝两侧时应稍作停顿，使焊缝熔合良好，边缘平直，避免产生咬边缺陷。当焊接同等板厚单层单道角接立焊时，焊枪与两板之间角度为45°，如图6-21a所示。焊枪后倾夹角为75°~85°，如图6-21b所示。当焊接不同板厚时，还必须根据两板的厚度来调节焊枪的角度，一般焊枪角度应偏向厚板约5°左右。

2. 开坡口的角接立焊

　　当板厚大于6mm时，电弧的热量很难熔透焊缝根部，为了保证焊件焊透及焊缝质量，必须将焊件加工坡口后再进行焊接。一般常用的焊缝坡口形式有K形和单边V形等。开坡口的角接立焊应用最为广泛的是单层双面焊，如图6-22所示。施焊时，由于熔滴下垂，焊缝熔合不良，焊枪角度应稍偏向坡口面3°~5°，控制好熔池温度和熔池形状及尺寸大小，随时根据熔池情况调整焊接速度。焊接方法及操作要领与不开坡口的角接立焊相同。焊完正面

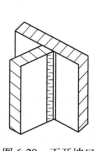

图6-20　不开坡口
对接立焊示意图

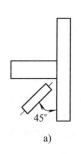

a)

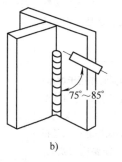

75°~85°

b)

图6-21　不开坡口角接
立焊示意图

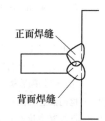

正面焊缝

背面焊缝

图6-22　开坡口角接
双面立焊示意图

焊缝后，应将反面焊缝熔渣等污物清理干净后再进行反面焊缝的焊接。反面焊缝的操作要领与正面焊缝相同。

实训六　T形接头角接立焊的操作步骤

序号	操作程序	操作技术要领	技术依据质量标准	检验方法	易产生问题及焊接缺陷	产生原因及防治措施
6-1	装配	将200mm宽板放于水平位置，100mm窄板垂直置于水平宽板1/2位置，两端头对平齐，在两端头进行定位焊，定位焊长度应小于10mm。注意定位焊的焊接电流不宜过大。把装配好的焊件按立角焊位置垂直水平面固定在操作平台或焊接胎具（架）上，准备施焊	两板端头齐，两板夹角90°垂直。焊件位置垂直水平面，放置稳定，牢固夹紧	检查定位焊质量，焊件固定后用手摇动应不跌落	定位焊缝没有焊牢固；焊件没在水平位置；焊件有松动	定位焊缝应点固牢靠；焊件尽可能放置垂直于水平面；焊件尽可能牢固夹紧
6-2	姿势	焊接时，身体呈下蹲姿势，上身挺直稍向前倾，双脚跟着地八字蹲稳。根据焊缝的长度确定身体与焊缝的相对位置。注意应保证整条焊缝焊接过程中视线无遮挡，始终可以观察到电弧。采用双手持枪，右手握焊枪，左手辅助托起焊枪，保持焊枪稳定。手臂半悬空，以小臂与右手腕配合，控制与焊件的角度、焊接速度及电弧的摆动运弧。注意焊枪与两板夹角呈45°，焊枪后倾夹角呈75°~85°	人体蹲稳，手臂悬空，手腕运弧自如	自己试蹲操作姿势、操作位置，感觉自如	双脚跟不着地，蹲姿不稳；双臂肘依托、依靠大腿不灵活	根据要领进行立角焊姿势、蹲位的训练；双臂半悬空平稳，手腕运弧灵活自如
6-3	引弧	焊枪内焊丝端头距始焊处2mm，按动按钮，随后自动送气、送电、送丝，焊丝与焊件表面相接触而短路起弧。此时，由于焊丝与焊件接触而产生一个反弹力，操作者应握紧焊枪，勿使焊枪因冲击而回升，一定要保持喷嘴与焊件表面距离恒定，这是防止引弧时产生缺陷的关键	采用焊丝直径为1mm。保证喷嘴与焊件表面距离恒定	检查始焊处焊缝尺寸及焊接质量	始焊处焊缝不在端头和接缝上；始焊处焊缝产生高低不平、宽窄不齐现象	按要求正确掌握引弧始焊技术；引弧后焊速过快造成；适当预热，焊速适合
6-4	运弧	电弧需要有三个力同时作用于熔池：一是随着焊丝的熔化焊枪及时向前给送；二是随着熔池温度和尺寸变化焊枪向前进方向移动形成焊缝；三是根据焊缝宽度和熔合的需要横向摆动。当电弧摆动到坡口两侧时应稍作停顿，避免焊缝产生咬边和熔合不良现象	焊脚高度、宽窄一致。焊脚高度8mm	检查焊缝表面缺陷，用检测尺检查焊缝外观尺寸	焊缝高低不平，宽窄不齐，有脱节现象	严格控制焊接速度，调整焊枪角度，摆动幅度不要太大，熟练运弧

（续）

序号	操作程序	操作技术要领	技术依据质量标准	检验方法	易产生问题及焊接缺陷	产生原因及防治措施
6-5	接头	焊接接头时，在收弧处后端5mm处按动按钮，电弧引燃，然后快速将电弧引向弧坑，待熔化金属填满弧坑后，立即前移动，向正常焊接方向进行施焊	接头过渡平整，不过高、不脱节，无焊瘤或未焊透	检查接头焊缝质量，用焊缝测量器测定焊缝接头处尺寸	接头焊瘤、接头脱节、接头超高	电弧停留过长或电弧停留过短，下压不够。熟练操作手法，控制停留时间
6-6	熄弧	当中断焊接过程或焊至终焊处熄弧时，按动按钮，电弧熄灭，焊枪应在熄弧处停留3~5s后方可移开，以保证熔池在冷却凝固时得到可靠的CO₂气体滞后保护，此时自动断电、断气，焊接过程结束	终焊熄弧处焊缝饱满无缺陷，焊缝尺寸与整条焊缝一致	检查终焊熄弧处焊接质量，用焊缝测量器测定焊缝尺寸	终焊熄弧处弧坑塌陷，温度过高产生气孔	采用断弧法降温，缩小熔池面积并填满弧坑，熄弧动作要干净利落

实训七 V形坡口对接立焊的操作步骤

序号	操作程序	操作技术要领	技术依据质量标准	检验方法	易产生问题及焊接缺陷	产生原因及防治措施
7-1	装配	将两块板放于水平位置，使两端头对平齐，在两端头坡口内进行定位焊，定位焊长度应小于10mm。装配间隙始焊处3.0mm，终焊处3.5mm。反变形角度3°~5°，注意定位焊的焊接电流不宜过大。把装配好的焊件按立焊位置垂直于水平面固定在操作台或焊接胎具（架）上，准备施焊	两板端头齐，板面平。焊件按立焊位置垂直于水平面，放置稳定，牢固夹紧	检查定位焊缝质量，焊件固定后用手摇动应不跌落	定位焊缝没有焊牢固，有错边；焊件没在立焊位置；焊件有松动	定位焊缝应点固牢靠，无错边；焊件尽可能按立焊位置放置垂直于水平面；焊件尽可能牢固夹紧
7-2	姿势	焊接时，身体呈下蹲姿势，上身挺直稍向前倾，双脚跟着地八字蹲稳。根据焊缝的长度确定身体与焊缝的相对位置。注意应保证整条焊缝焊接过程中视线无遮挡，始终可以观察到电弧。采用双手持枪，右手握焊枪，左手辅助托起焊枪，保持焊枪稳定。手臂半悬空，以小臂与右手腕配合，控制与焊件的角度、焊接速度及电弧的摆动运弧。注意焊枪与焊板角度呈90°，焊枪后倾夹角呈75°~85°	人体蹲稳，手臂悬空，手腕运弧自如	自己试蹲操作姿势、操作位置，感觉自如	双脚跟不着地，蹲姿不稳；双臂肘依托、依靠大腿不灵活	根据要领进行立焊姿势、蹲位的训练；双臂半悬空平稳，手腕运弧灵活自如

（续）

序号	操作程序	操作技术要领	技术依据质量标准	检验方法	易产生问题及焊接缺陷	产生原因及防治措施
7-3	引弧	焊枪内焊丝端头距始焊处2mm，按动按钮，随后自动送气、送电、送丝，焊丝与焊件表面相接触而短路起弧。此时，由于焊丝与焊件接触而产生一个反弹力，操作者应握紧焊枪，勿使焊枪因冲击而回升，一定要保持喷嘴与焊件表面距离恒定，这是防止引弧时产生缺陷的关键	采用焊丝直径为1mm。保证喷嘴与焊件表面距离恒定	检查始焊处焊缝尺寸及焊接质量	始焊处焊缝不在端头和接缝上；始焊处焊缝产生高低不平、宽窄不齐现象	按要求正确掌握引弧始焊技术；引弧后焊速过快造成；适当预热，焊速适合
7-4	运弧	电弧需要有三个力同时作用于熔池：一是随着焊丝的熔化焊枪及时向前给送；二是随着熔池温度和尺寸变化焊枪向前进方向移动形成焊缝；三是根据焊缝宽度和熔合的需要横向摆动。当电弧摆动到坡口两侧时应稍作停顿，避免焊缝产生咬边和熔合不良现象	焊缝平直，宽窄一致。焊波均匀，焊缝正背面余高0~3mm	检查焊缝表面缺陷，用检测尺检查焊缝外观尺寸	焊缝高低不平，宽窄不齐，有脱节现象	严格控制焊接速度，调整焊枪角度，摆动幅度不要太大，熟练运弧
7-5	接头	打底层焊时，在收弧处后端5mm处引燃电弧，快速摆动至接头部时下压并稍作停顿，待填满弧坑后正常向焊接方向施焊。填充层焊和盖面层焊时，在收弧处前端5mm处引燃电弧，快速摆动至接头端部稍作停顿，待填满弧坑后正常向焊接方向进行施焊	接头过渡平整，不过高、不脱节，无焊瘤或未焊透	检查接头处焊缝质量，用焊缝测量器测定焊缝接头处尺寸	接头未焊透、焊瘤、脱节、超高	电弧停留时间过长或过短，下压过低或不够造成。熟练操作手法，控制停留时间
7-6	熄弧	当中断焊接过程或焊至终焊处熄弧时，按动按钮，电弧熄灭，焊枪应在熄弧处停留3~5s后方可移开，以保证熔池在冷却凝固时得到可靠的CO$_2$气体滞后保护，此时自动断电、断气，焊接过程结束	终焊熄弧处焊缝饱满无缺陷，焊缝尺寸与整条焊缝一致	检查终焊熄弧处焊接质量，用焊缝测量器测定焊缝尺寸	终焊熄弧处弧坑塌陷，温度过高产生气孔	采用断弧法降温，缩小熔池面积并填满弧坑，熄弧动作要干净利落

项目训练六　厚6mm钢板T形接头角接立焊（双面焊）

1. 训练图样

T形接头角接立焊双面焊图样如图6-23所示。

2. 焊前准备

（1）焊接方法　半自动CO$_2$焊。

（2）钢材牌号　Q235。

（3）焊丝牌号　H08Mn2SiA，焊丝为实心焊丝，尺寸为ϕ1.0mm。

（4）焊件尺寸　$L \times B \times S = 300\text{mm} \times 100\text{mm} \times 6\text{mm} + 300\text{mm} \times 200\text{mm} \times 6\text{mm}$。

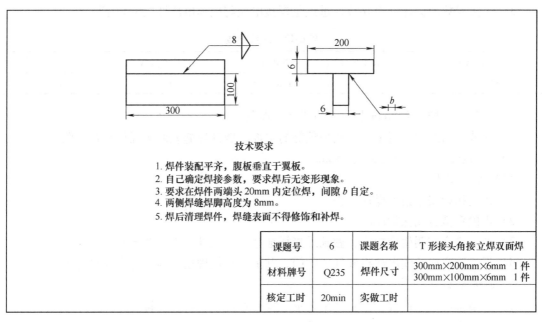

技术要求

1. 焊件装配平齐，腹板垂直于翼板。
2. 自己确定焊接参数，要求焊后无变形现象。
3. 要求在焊件两端头20mm内定位焊，间隙b自定。
4. 两侧焊缝焊脚高度为8mm。
5. 焊后清理焊件，焊缝表面不得修饰和补焊。

课题号	6	课题名称	T形接头角接立焊双面焊
材料牌号	Q235	焊件尺寸	300mm×200mm×6mm　1件 300mm×100mm×6mm　1件
核定工时	20min	实做工时	

图6-23　训练图样

（5）焊接位置　角立焊位置。

（6）接头形式　T形接头。

（7）坡口形式　I形坡口。

（8）焊接场地、焊机及辅助设备、工量具

1）场地。具有良好的采光、照明、除尘条件及适合各种位置焊接的焊接胎夹具。

2）焊机。NBC-350焊机。

3）辅助设备。内置或外置送丝机、CO$_2$气瓶、流量计、焊枪、电缆、胶管等。

4）工量具。锤子、錾子、钢丝刷、90°角尺、焊缝测量器、角向磨光机等。

3. 训练要求

（1）训练目的

1）熟练掌握CO$_2$焊弧焊电源及附属设备的调节、使用方法。

2）熟练掌握CO$_2$焊的引弧、运弧、接头、熄弧等操作要领。

3）掌握不开坡口T形立角接双面焊操作技巧和方法。

（2）训练内容

1）填写焊接工艺卡，见表6-16。

表6-16　焊接工艺卡

焊件厚度	装配间隙	焊丝直径	焊接电流	电弧电压	焊枪角度	运弧方法	反变形量

2）焊接设备的使用和调节。

3）焊接参数的选择见表 6-17，重点是焊接电流与电弧电压匹配的调节。

表 6-17　焊接参数

焊丝直径/mm	焊丝伸出长度/mm	焊接电流/A	焊接电压/V	气体流量/L·min
$\phi1.0$	10~15	110~130	19~21	10~15

4）焊脚高度控制在 8mm 及焊缝凸凹度的控制。

5）焊波均匀及焊缝宽窄、高低平整等的掌控，做到焊缝表面无任何焊接缺陷。

（3）工时定额　工时定额为 45min。

（4）安全文明生产

1）认真执行安全技术操作规程。

2）正确穿戴劳动保护用品。

3）严格遵守文明生产规定，做到焊接场地整洁，工件、工具摆放整齐。

4）焊接结束应关闭电焊机和气瓶阀门，并清理焊接现场，检查有无安全隐患。

4. 训练步骤

1）看清训练项目内容，了解技术要求。检查焊件是否符合焊接要求。

2）认真完成焊前的各项检查、调试等准备工作。

3）起动焊机，打开气源后，仔细检查焊机电路、气路系统工况是否正常。

4）根据需要选择和调节合适的焊接电流、电弧电压和气体流量等。

5）认真清理和打磨焊件待焊处，直至露出金属光泽。

6）检查定位焊是否符合要求。

7）按照焊接工艺及操作要领施焊，注意操作方法的正确性。

8）施焊过程保证稳定的工作位置和焊枪角度及控制 CO_2 气体对熔池的保护作用。

9）焊后检测焊缝尺寸及表面质量。

5. 训练时间

训练时间为 30 学时。

6. 评分标准

项目配分及评分标准见表 6-18。

表 6-18　项目配分及评分标准

序号	检测项目	配分	技术标准	实测情况	得分	备注
1	焊缝凸度	8	允许差 1mm，每超差 1mm 扣 4 分			
2	焊缝凹度	8	允许差 1mm，每超差 1mm 扣 4 分			
3	焊脚高度	10	允许差 1mm，每超差 1mm 扣 5 分			
4	接头成形	10	要求整齐，美观，成形良好，有一处脱节或超高扣 5 分			
5	焊缝直线度	10	平直，否则每处扣 5 分			
6	表面未熔合	8	无，否则每处扣 8 分			
7	咬边	8	深<0.5mm，每长 10mm 扣 4 分；深>0.5mm，每长 10mm 扣 8 分			
8	弧坑	6	无，否则每处扣 6 分			
9	焊件变形	6	允许差 1°，每超差 1°扣 3 分			

（续）

序号	检测项目	配分	技　术　标　准	实测情况	得分	备注
10	表面气孔	8	无，否则每处扣 8 分			
11	电弧擦伤	6	无，否则每处扣 6 分			
12	焊件清洁	6	清洁，否则每处扣 3 分			
13	安全文明生产	6	劳保用品穿戴整齐，服从管理，文明操作，否则扣 6 分			
	总分	100	项目训练成绩			

项目训练七　厚 12mm 钢板 V 形坡口对接立焊（单面焊双面成形）

1. 训练图样

V 形坡口对接立焊单面焊双面成形图样如图 6-24 所示。

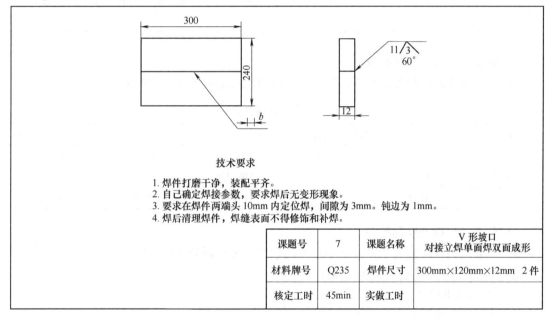

图 6-24　训练图样

2. 焊前准备

（1）焊接方法　半自动 CO$_2$ 焊。

（2）钢材牌号　Q235。

（3）焊丝牌号　H08Mn2SiA，焊丝为实心焊丝，尺寸为 $\phi 1.0$mm。

（4）焊件尺寸　$L \times B \times S = 300mm\times 120mm\times 12$mm。

（5）焊接位置　立焊位置。

（6）接头形式　对接接头。

（7）坡口型式　V 形坡口，坡口角度为 60°。

（8）焊接场地、焊机及辅助设备、工量具

1）场地。具有良好的采光、照明、除尘条件及适合各种位置焊接的焊接胎夹具。

2）焊机。NBC-350焊机。

3）辅助设备：内置或外置送丝机、CO_2气瓶、流量计、焊枪、电缆、胶管等。

4）工量具：锤子、錾子、钢丝刷、90°角尺、焊缝测量器、角向磨光机等。

3. 训练要求

（1）训练目的

1）熟练掌握CO_2焊弧焊电源及附属设备的调节、使用方法。

2）熟练掌握CO_2焊的引弧、运弧、接头、熄弧等操作要领。

3）掌握开坡口立对接单面焊双面成形操作技巧和方法。

（2）训练内容

1）填写焊接工艺卡，见表6-19。

表6-19　焊接工艺卡

焊件厚度	装配间隙	焊丝直径	焊接电流	电弧电压	焊枪角度	运弧方法	反变形量

2）焊接设备的使用和调节。

3）焊接参数的选择见表6-20，重点是焊接电流与电弧电压匹配的调节。

表6-20　焊接参数

焊接层次	焊丝直径/mm	焊丝伸出长度/mm	焊接电流/A	焊接电压/V	气体流量/L·min
打底层	φ1.0	10~15	90~110	18~20	10~15
填充层	φ1.0	10~15	110~130	19~21	10~15
盖面层	φ1.0	10~15	110~130	19~21	10~15

4）余高和焊缝宽度的控制。

5）焊波均匀及焊缝宽窄、高低平整等的掌控，做到焊缝表面无任何焊接缺陷。

（3）工时定额　工时定额为45min。

（4）安全文明生产

1）认真执行安全技术操作规程。

2）正确穿戴劳动保护用品。

3）严格遵守文明生产规定，做到焊接场地整洁，工件、工具摆放整齐。

4）焊接结束应关闭电焊机和气瓶阀门，并清理焊接现场，检查有无安全隐患。

4. 训练步骤

1）看清训练项目内容，了解技术要求。检查焊件是否符合焊接要求。

2）认真完成焊前的各项检查、调试等准备工作。

3）起动焊机，打开气源后，仔细检查焊机电路、气路系统工况是否正常。

4）根据需要选择和调节合适的焊接电流、电弧电压和气体流量等。

5）认真清理和打磨焊件待焊处，直至露出金属光泽。

6）检查定位焊是否符合要求并预留反变形量3°~5°。

7）按照焊接工艺及操作要领施焊，注意操作方法的正确性。

8）施焊过程保证稳定的工作位置和焊枪角度及控制 CO₂ 气体对熔池的保护作用。

9）焊后检测焊缝尺寸及表面质量。

5. 训练时间

训练时间为 30 学时。

6. 评分标准

项目配分及评分标准见表 6-21。

表 6-21　项目配分及评分标准

序号	检测项目	配分	技 术 标 准	实测情况	得分	备注
1	余高	8	允许余高 0~3mm，每超差 1mm 扣 4 分			
2	焊缝宽度	10	允许宽度 8~10mm，每超差 1mm 扣 5 分			
3	焊缝高低差	8	允许高低差 1mm，每超差 1mm 扣 4 分			
4	接头成形	6	要求整齐，美观，成形良好，有一处脱节或超高扣 3 分			
5	焊缝宽度差	8	允许宽度差 1mm，每超差 1mm 扣 4 分			
6	焊缝平直度	10	平直，否则每处扣 5 分			
7	表面未熔合	10	无，否则每处扣 10 分			
8	咬边	8	深<0.5mm，每长 10mm 扣 4 分；深>0.5mm，每长 10mm 扣 8 分			
9	弧坑	4	无，否则每处扣 4 分			
10	焊件变形	10	允许差 1°，每超差 1° 扣 4 分			
11	表面气孔	6	无，否则每处扣 6 分			
12	电弧擦伤	6	无，否则每处扣 6 分			
13	焊件清洁	2	清洁，否则每处扣 2 分			
14	安全文明生产	4	劳保用品穿戴整齐，服从管理，文明操作，否则扣 4 分			
	总分	100	项目训练成绩			

第四节　CO₂ 焊仰焊操作技术

仰焊是各种位置焊接中最困难的一种。仰焊位置焊接时，由于熔池倒悬在焊件下面，没有固体金属的承托，焊缝成形非常困难，容易产生气孔、咬边、焊瘤、未熔合、未焊透、焊缝脱节等缺陷。在控制焊接速度、运弧等方面要比平、横、立焊位置困难得多。另外，受液态金属自重下垂和金属飞溅等因素影响，由于焊接时仰视操作，操作者身处焊件下方，加之劳动强度相对较大，操作者易疲劳，如操作不当，易造成烧伤和烫伤等安全事故。因此，除了要正确调节焊接电流与电弧电压的匹配，严格控制焊接速度外，还要在焊接过程中，随时根据熔池温度变化和熔池形状尺寸大小的变化情况，及时调整焊枪角度，灵活运弧。由于受重力影响会阻碍熔滴过渡，因此仰焊时熔滴过渡的主要形式是短路过渡，一定要保持最短的电弧长度，以使熔滴在最短的时间内过渡到熔池中，在表面张力的作用下，很快与熔池的液体金属汇合，促使焊缝成形，在确保人身安全的前提下，确保焊接过程顺利进行。

一、对接仰焊

对接仰焊位置焊接时，焊缝倾角为 0°、180°，焊缝转角为 250°、315°。对接仰焊常用的坡口形式主要有 I 形和 V 形等。

1. 不开坡口的对接仰焊

不开坡口的对接仰焊常用于薄板焊接，采用的坡口形式为 I 形坡口。由于仰焊时焊件为水平位置且坡口朝下，焊接过程中易造成咬边、焊瘤、烧穿等缺陷。因此，仰焊时采用的焊接参数应比平焊时稍小一点。施焊前，要正确调节合适的焊接电流与电弧电压，使其达到最佳的匹配值，以获得完美的焊缝成形。施焊时，焊枪与焊件角度呈 90°，焊枪后倾夹角为 75°~85°，如图 6-25 所示。焊接时，焊枪要始终保持上述角度且均匀运弧。

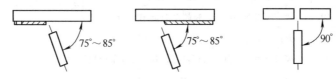

图 6-25 焊枪角度示意图

2. 开坡口的对接仰焊

当板厚大于 6mm 时，电弧的热量很难熔透焊缝根部，为了保证焊件焊透，必须开坡口。坡口形式主要根据焊件的厚度来选择，一般常用的对接仰焊坡口形式是 V 形。

开坡口的焊件对接仰焊时，常采用多层单道单面焊双面成形方法，而且这种方法在实际生产中应用比较广泛。焊接层数多少，可根据焊件厚度来决定。焊件越厚，层数越多。下面以 300mm×240mm×12mm 板焊接为例进行说明。

多层单道单面焊双面成形包括打底层焊、填充层焊和盖面层焊。其中每一层焊缝都为单道焊缝，如图 6-26 所示。打底层焊接时焊枪角度如图 6-27 所示。填充层和盖面层焊接，焊枪角度与不开坡口对接仰焊焊枪角度相同。

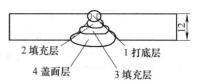

图 6-26 开坡口对接仰焊焊层示意图

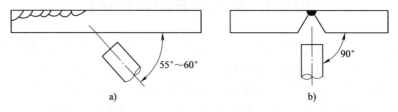

图 6-27 仰焊打底层焊焊枪角度

a）焊枪倾角 b）焊枪夹角

打底层焊时，定位焊缝在焊件两端头坡口内进行，装配间隙始焊处为 3mm，终焊处为 3.5mm。焊接时，可采用月牙形（下凹月牙形）或锯齿形横向摆动运弧法，自远而近进行焊接。电弧摆动到坡口两侧时稍作停顿，以防焊波中间凸起及液态金属下淌。注意调整焊枪角度，要把焊丝送入坡口根部，控制电弧与焊件坡口根部的距离在 2~3mm 之间，能看见部分电弧穿过焊板间隙在熔池前方燃烧，同时将坡口两侧钝边完全熔化为好。要认真观察熔池的温度、熔池的形状和溶孔的大小。熔孔过大，会使反面焊缝下凹，正面下垂。熔孔过小，坡口根部易造成未焊透缺陷。

填充层焊时，焊接参数适当加大，电弧横向摆动的幅度视坡口宽度的增大而加大，采用月牙形（上凸月牙形）或锯齿形横向摆动运弧进行施焊。电弧摆动到坡口两侧时稍作停顿，避免出现沟槽现象。焊完最后一层的填充层焊缝应比母材表面低 1~2mm，并保证坡口两侧棱边不被熔化。这样能使盖面层焊接时看清坡口，保证盖面层焊缝边缘平直，焊缝与母材圆滑过渡。

盖面层焊时，电弧横向摆动的幅度随坡口宽度的增大而继续加大，采用月牙形或锯齿形横向摆动运弧进行施焊。电弧摆动到坡口两侧时应稍作停顿，以使坡口两侧温度均衡，焊缝熔合良好，边缘平直圆滑，避免产生咬边缺陷。焊完后的盖面层焊缝应宽窄整齐，高低平整，焊波均匀一致。

二、角接仰焊

角接仰焊位置焊接时，焊缝倾角为 0°、180°，转角为 250°、315°。角接仰焊主要是指 T 形接头仰焊和搭接接头仰焊。角接仰焊比对接仰焊容易掌握。由于搭接接头仰焊和 T 形接头仰焊两者操作方法类似，所以在这里不做单独介绍。角接仰焊常用的坡口形式主要有 I 形、K 形和单边 V 形等。

1. 不开坡口的角接仰焊

当板厚小于 6mm 时，一般采用不开坡口的正反面单层单道角接仰焊，焊缝的坡口形式为 I 形，如图 6-28 所示。施焊时的操作要领与角接立焊基本相同。由于角接仰焊在操作时容易产生焊缝根部未焊透、焊缝两侧咬边及受重力影响的熔池下垂，所以操作时必须选择合适的焊接参数。电弧采用斜划圈、斜锯齿形或斜月牙形进行运弧施焊，并及时调整焊枪角度。当进行同等板厚单层单道角接仰焊时，焊枪与两板之间的角度为 45°，如图 6-29a 所示。右向焊时，焊枪的前倾夹角为 75°~85°，如图 6-29b 所示。当焊接不同板厚时，必须根据两板的厚度来调节焊枪的角度，一般焊枪的角度应偏向厚板约 5°左右。

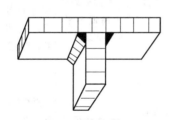

图 6-28　不开坡口角接仰焊示意图

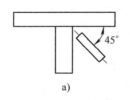

a)

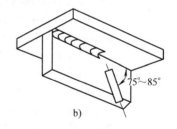

b)

图 6-29　不开坡口角接仰焊焊枪角度示意图

2. 开坡口的角接仰焊

当板厚大于 6mm 时，电弧的热量很难熔透焊缝根部，为了保证焊件焊透及焊缝质量，必须将焊件加工坡口后再进行焊接。一般常用的焊缝坡口形式有 K 形和单边 V 形等。开坡口的角接仰焊，应用比较广泛的是单层双面焊，如图 6-30 所示。施焊时，由于熔滴下垂，焊缝熔合不良，焊枪角度应稍偏向坡口面 3°~5°，控制好熔池温度和熔池形状及尺寸大小，随时根据熔池情况调整焊接速度。焊接方法与不开坡口的角接仰焊相同。焊完正面

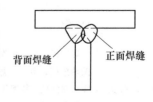

图 6-30　开坡口角接仰焊
双面焊焊层示意图

焊缝时，应将反面焊缝熔渣等污物清理干净后再进行反面焊缝的焊接。反面焊缝的操作要领与正面焊缝相同。

实训八 T形接头角接仰焊的操作步骤

序号	操作程序	操作技术要领	技术依据质量标准	检验方法	易产生问题及焊接缺陷	产生原因及防治措施
8-1	装配	将200mm宽板放于水平位置，100mm窄板垂直置于水平宽板1/2位置，两端头对平齐，在两端头进行定位焊，定位焊长度应小于10mm。注意定位焊的焊接电流不宜过大。把装配好的焊件按仰角焊位置宽板水平固定在操作平台或焊接胎具（架）上，准备施焊	两板端头齐，两板夹角90°垂直。焊件按仰角焊位置固定，放置稳定，牢固夹紧	检查定位焊质量，焊件固定后用手摇动应不跌落	定位焊缝没有焊牢固；焊件没在仰焊位置；焊件有松动	定位焊缝应点固牢靠；焊件尽可能放置在仰焊位置宽板垂直于水平面；焊件尽可能牢固夹紧
8-2	姿势	焊接时，身体呈下蹲姿势，上身挺直稍向前倾，双脚跟着地八字蹲稳。根据焊缝的长度确定身体与焊缝的相对位置。注意应保证整条焊缝焊接过程中视线无遮挡，始终可以观察到电弧。采用双手持枪，右手握焊枪，左手辅助托起焊枪，保持焊枪稳定。手臂悬空，以上臂作为支撑，以小臂与手腕配合，控制与焊件的角度、焊接速度及电弧的摆动运弧	人体蹲稳，手臂悬空，小臂与手腕运弧自如	自己试蹲操作姿势、操作位置，感觉自如	双脚跟不着地，蹲姿不稳；双臂肘依托、依靠大腿不灵活	根据要领进行仰角焊姿势、蹲位的训练；双臂悬空平稳，小臂与手腕运弧灵活自如
8-3	引弧	焊枪内焊丝端头距始焊处2mm，按动按钮，随后自动送气、送电、送丝，焊丝与焊件表面相接触而短路起弧。此时，由于焊丝与焊件接触而产生一个反弹力，操作者应握紧焊枪，勿使焊枪因冲击而回升，一定要保持喷嘴与焊件表面距离恒定，这是防止引弧时产生缺陷的关键	采用焊丝直径为1mm。保证喷嘴与焊件表面距离恒定	检查始焊处焊缝尺寸及焊接质量	始焊处焊缝不在端头和接缝上；始焊处焊缝产生高低不平、宽窄不齐现象	按要求正确掌握引弧始焊技术；引弧后焊速过快造成；适当预热，焊速适合
8-4	运弧	电弧需要有三个力同时作用于熔池：一是随着焊丝的熔化焊枪及时向前给送；二是随着熔池温度和尺寸变化焊枪向前进方向移动形成焊缝；三是根据焊缝宽度和熔合的需要上下摆动。当电弧摆动到两侧时应稍作停顿，避免焊缝产生咬边和熔合不良现象	焊脚高度、宽窄一致。焊脚高度8mm	检查焊缝表面缺陷，用检测尺检查焊缝外观尺寸	焊缝高低不平，宽窄不齐，有脱节现象	严格控制焊接速度，调整焊枪角度，摆动幅度不要太大，熟练运弧
8-5	接头	焊接接头时，在收弧处后端5mm处按动按钮，电弧引燃，然后快速将电弧引向弧坑，待熔化金属填满弧坑后，立即向前移动，向正常焊接方向进行施焊	接头过渡平整，不过高、不脱节，无焊瘤或未焊透	检查接头焊缝质量，用焊缝测量器测定焊缝接头处尺寸	接头焊瘤、接头脱节、接头超高	电弧停留过长或电弧停留过短，下压不够。熟练操作手法，控制停留时间

（续）

序号	操作程序	操作技术要领	技术依据质量标准	检验方法	易产生问题及焊接缺陷	产生原因及防治措施
8-6	熄弧	当中断焊接过程或焊至终焊处熄弧时，按动按钮，电弧熄灭，焊枪应在熄弧处停留3~5s后方可移开，以保证熔池在冷却凝固时得到可靠的 CO_2 气体滞后保护，此时自动断电、断气，焊接过程结束	终焊熄弧处焊缝饱满无缺陷，焊缝尺寸与整条焊缝一致	检查终焊熄弧处焊接质量，用焊缝测量器测定焊缝尺寸	终焊熄弧处弧坑塌陷，温度过高产生气孔	采用断弧法降温，缩小熔池面积并填满弧坑，熄弧动作要干净利落

实训九　V形坡口对接仰焊的操作步骤

序号	操作程序	操作技术要领	技术依据质量标准	检验方法	易产生问题及焊接缺陷	产生原因及防治措施
9-1	装配	将两块板放于水平位置，使两端头对平齐，在两端头坡口内进行定位焊，定位焊长度应小于10mm。装配间隙始焊处3.0mm，终焊处3.5mm。反变形角度3°~5°，注意定位焊的焊接电流不宜过大。把装配好的焊件以仰焊位置水平固定在操作平台或焊接胎具（架）上，准备施焊	两板端头齐，板面平。焊件按仰焊位置水平固定。放置稳定，牢固夹紧	检查定位焊缝质量，焊件固定后用手摇动应不跌落	定位焊缝没有焊牢固，有错边；焊件没有在仰焊位置；焊件有松动	定位焊缝应点固牢靠，无错边；焊件尽可能按仰焊位置水平固定；焊件尽可能牢固夹紧
9-2	姿势	焊接时，身体呈下蹲姿势，上身挺直稍向前倾，双脚跟着地八字蹲稳。根据焊缝的长度确定身体与焊缝的相对位置。注意应保证整条焊缝焊接过程中视线无遮挡，始终可以观察到电弧。采用双手持枪，右手握焊枪，左手辅助托起焊枪，保持焊枪稳定。手臂悬空，以上臂作为支撑，以小臂与手腕配合，控制与焊件的角度、焊接速度及电弧的摆动运弧	人体蹲稳，手臂悬空，小臂与手腕运弧自如	自己试蹲操作姿势、操作位置，感觉自如	双脚跟不着地，蹲姿不稳；双臂肘依托、依靠大腿不灵活	根据要领进行仰角焊姿势、蹲位的训练；双臂悬空平稳，小臂与手腕运弧灵活自如
9-3	引弧	焊枪内焊丝端头距始焊处2mm，按动按钮，随后自动送气、送电、送丝，焊丝与焊件表面相接触而短路起弧。此时，由于焊丝与焊件接触而产生一个反弹力，操作者应握紧焊枪，勿使焊枪因冲击而回升，一定要保持喷嘴与焊件表面距离恒定，这是防止引弧时产生缺陷的关键	采用焊丝直径为1mm。保证喷嘴与焊件表面距离恒定	检查始焊处焊缝尺寸及焊接质量	始焊处焊缝不在端头和接缝上；始焊处焊缝产生高低不平、宽窄不齐现象	按要求正确掌握引弧始焊技术；引弧后焊速过快造成；适当预热，焊速适合
9-4	运弧	电弧需要有三个力同时作用于熔池：一是随着焊丝的熔化焊枪及时向前给送；二是随着熔池温度和尺寸变化焊枪向前进方向移动形成焊缝；三是根据焊缝宽度和熔合的需要上下摆动。当电弧摆动到两侧时应稍作停顿，避免焊缝产生咬边和熔合不良现象	焊缝平直、宽窄一致，焊波均匀，焊缝正背面余高0~3mm	检查焊缝表面缺陷，用检测尺检查焊缝外观尺寸	焊缝高低不平，宽窄不齐，有脱节现象	严格控制焊接速度，调整焊枪角度，摆动幅度不要太大，熟练运弧

（续）

序号	操作程序	操作技术要领	技术依据质量标准	检验方法	易产生问题及焊接缺陷	产生原因及防治措施
9-5	接头	打底层焊时，在收弧处后端5mm处引燃电弧，快速摆动至接头端部时下压并稍作停顿，待填满弧坑后正常向焊接方向施焊。填充层焊和盖面层焊时，在收弧处前端5mm处引燃电弧，快速摆动至接头端部稍作停顿，待填满弧坑后正常向焊接方进行施焊	接头过渡平整，不过高、不脱节，无焊瘤或未焊透	检查接头处焊缝质量，用焊缝测量器测定焊缝接头处尺寸	接头未焊透、焊瘤、脱节、超高	电弧停留时间过长或过短，下压过低或不够造成。熟练操作手法，控制停留时间
9-6	熄弧	当中断焊接过程或焊至终焊处熄弧时，按动按钮，电弧熄灭，焊枪应在熄弧处停留3~5s后方可移开，以保证熔池在冷却凝固时得到可靠的CO₂气体滞后保护，此时自动断电、断气，焊接过程结束	终焊熄弧处焊缝饱满无缺陷，焊缝尺寸与整条焊缝一致	检查终焊熄弧处焊接质量，用焊缝测量器测定焊缝尺寸	终焊熄弧处弧坑塌陷或下垂，温度过高产生气孔	采用断弧法降温，缩小熔池面积并填满弧坑，熄弧动作要干净利落

项目训练八　厚6mm钢板T形接头角接仰焊（双面焊）

1. 训练图样

T形接头角接仰焊双面焊图样如图6-31所示。

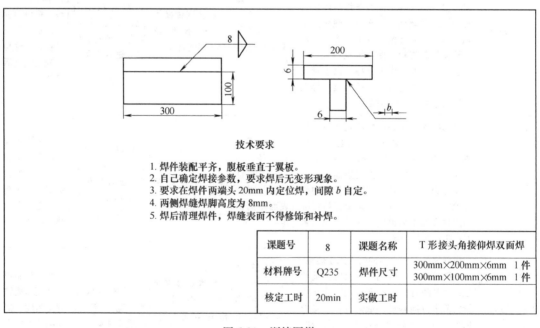

技术要求

1. 焊件装配平齐，腹板垂直于翼板。
2. 自己确定焊接参数，要求焊后无变形现象。
3. 要求在焊件两端头20mm内定位焊，间隙b自定。
4. 两侧焊缝焊脚高度为8mm。
5. 焊后清理焊件，焊缝表面不得修饰和补焊。

课题号	8	课题名称	T形接头角接仰焊双面焊
材料牌号	Q235	焊件尺寸	300mm×200mm×6mm　1件 300mm×100mm×6mm　1件
核定工时	20min	实做工时	

图6-31　训练图样

2. 焊前准备

（1）焊接方法　半自动 CO_2 焊。

（2）钢材牌号　Q235。

（3）焊丝牌号　H08Mn2SiA，焊丝为实心焊丝，尺寸为 $\phi1.0$mm。

（4）焊件尺寸　$L \times B \times S = 300mm\times100mm\times6mm+300mm\times200mm\times6$mm。

（5）焊接位置　仰角焊位置。

（6）接头形式　T 形接头。

（7）坡口形式　I 形坡口。

（8）焊接场地、焊机及辅助设备、工量具

1）场地。具有良好的采光、照明、除尘条件及适合各种位置焊接的焊接胎夹具。

2）焊机。NBC-350 焊机。

3）辅助设备。内置或外置送丝机、CO_2 气瓶、流量计、焊枪、电缆、气管等。

4）工量具。锤子、錾子、钢丝刷、90°角尺、焊缝测量器、角向磨光机等。

3. 训练要求

（1）训练目的

1）熟练掌握 CO_2 焊弧焊电源及附属设备的调节、使用方法。

2）正确掌握 CO_2 焊的引弧、运弧、接头、熄弧等操作要领。

3）掌握不开坡口 T 形仰角接双面焊操作技巧和方法。

（2）训练内容

1）填写焊接工艺卡，见表 6-22。

表 6-22　焊接工艺卡

焊件厚度	装配间隙	焊丝直径	焊接电流	电弧电压	焊枪角度	运弧方法	反变形量

2）焊接设备的使用和调节。

3）焊接参数的选择见表 6-23，重点是焊接电流与电弧电压匹配的调节。

表 6-23　焊接参数

焊丝直径/mm	焊丝伸出长度/mm	焊接电流/A	焊接电压/V	气体流量/L·min
$\phi1.0$	10~15	110~130	19~21	10~15

4）焊脚高度控制在 8mm 及焊缝凸凹度的控制。

5）焊波均匀及焊缝宽窄、高低平整等的掌控，做到焊缝表面无任何焊接缺陷。

（3）工时定额　工时定额为 20min。

（4）安全文明生产

1）认真执行安全技术操作规程。

2）正确穿戴劳动保护用品。

3）严格遵守文明生产规定，做到焊接场地整洁，工件、工具摆放整齐。

4）焊接结束应切断电源和气源，并清理焊接现场，检查有无安全隐患。

4. 训练步骤

1）看清训练项目内容，了解技术要求。检查焊件是否符合焊接要求。

2）认真完成焊前的各项检查、调试等准备工作。

3）起动焊机，打开气源后，仔细检查焊机电路、气路系统工况是否正常。

4）根据需要选择和调节合适的焊接电流、电弧电压和气体流量等。

5）认真清理和打磨焊件待焊处，直至露出金属光泽。

6）检查定位焊是否符合要求。

7）按照焊接工艺及操作要领施焊，注意操作方法的正确性。

8）施焊过程保证稳定的工作位置和焊枪角度及控制 CO₂ 气体对熔池的保护作用。

9）焊后检测焊缝尺寸及表面质量。

5. 训练时间

训练时间为 6 学时。

6. 评分标准

项目配分及评分标准见表 6-24。

表 6-24　项目配分及评分标准

序号	检测项目	配分	技 术 标 准	实测情况	得分	备注
1	焊缝凸度	8	允许差 1mm，每超差 1mm 扣 4 分			
2	焊缝凹度	8	允许差 1mm，每超差 1mm 扣 4 分			
3	焊脚高度	10	允许差 1mm，每超差 1mm 扣 5 分			
4	接头成形	10	要求整齐，美观，成形良好，有一处脱节或超高扣 5 分			
5	焊缝直线度	10	平直，否则每处扣 5 分			
6	表面未熔合	8	无，否则每处扣 8 分			
7	咬边	8	深<0.5mm，每长 10mm 扣 4 分；深>0.5mm，每长 10mm 扣 8 分			
8	弧坑	6	无，否则每处扣 6 分			
9	焊件变形	6	允许差 1°，每超差 1° 扣 3 分			
10	表面气孔	8	无，否则每处扣 8 分			
11	电弧擦伤	6	无，否则每处扣 6 分			
12	焊件清洁	6	清洁，否则每处扣 3 分			
13	安全文明生产	6	劳保用品穿戴整齐，服从管理，文明操作，否则扣 6 分			
	总分	100	项目训练成绩			

项目训练九　厚 12mm 钢板 V 形坡口对接仰焊（单面焊双面成形）

1. 训练图样

V 形坡口对接仰焊单面焊双面成形图样如图 6-32 所示。

2. 焊前准备

（1）焊接方法　半自动 CO₂ 焊。

（2）钢材牌号　Q235。

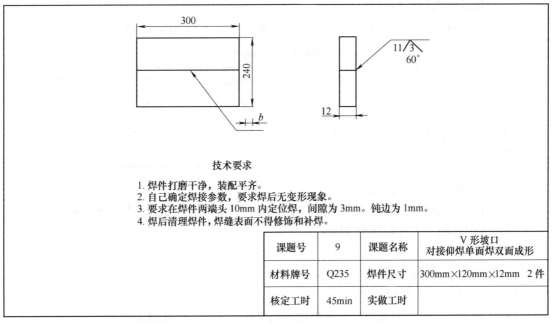

技术要求

1. 焊件打磨干净，装配平齐。
2. 自己确定焊接参数，要求焊后无变形现象。
3. 要求在焊件两端头 10mm 内定位焊，间隙为 3mm。钝边为 1mm。
4. 焊后清理焊件，焊缝表面不得修饰和补焊。

课题号	9	课题名称	V 形坡口 对接仰焊单面焊双面成形
材料牌号	Q235	焊件尺寸	300mm×120mm×12mm　2 件
核定工时	45min	实做工时	

图 6-32　训练图样

（3）焊丝牌号　H08Mn2SiA，焊丝为实心焊丝，尺寸为 $\phi1.0$mm。

（4）焊件尺寸　$L×B×S = 300$mm×120mm×12mm。

（5）焊接位置　仰焊位置。

（6）接头形式　对接接头。

（7）坡口形式　V 形坡口，坡口角度为 60°。

（8）焊接场地、焊机及辅助设备、工量具

1）场地。具有良好的采光、照明、除尘条件及适合各种位置焊接的焊接胎夹具。

2）焊机。NBC-350 焊机。

3）辅助设备。内置或外置送丝机、CO_2 气瓶、流量计、焊枪、电缆、胶管等。

4）工量具。锤子、錾子、钢丝刷、90°角尺、焊缝测量器、角向磨光机等。

3. 训练要求

（1）训练目的

1）熟练掌握 CO_2 焊弧焊电源及附属设备的调节、使用方法。

2）熟练掌握 CO_2 焊的引弧、运弧、接头、熄弧等操作要领。

3）掌握开坡口仰对接单面焊双面成形操作技巧和方法。

（2）训练内容

1）填写焊接工艺卡，见表 6-25。

表 6-25　焊接工艺卡

焊件厚度	装配间隙	焊丝直径	焊接电流	电弧电压	焊枪角度	运弧方法	反变形量

2）焊接设备的使用和调节。

3）焊接参数的选择见表 6-26，重点是焊接电流与电弧电压匹配的调节。

表 6-26 焊接参数

焊接层次	焊丝直径/mm	焊丝伸出长度/mm	焊接电流/A	焊接电压/V	气体流量/L·min
打底层	$\phi 1.0$	10~15	90~110	18~20	10~15
填充层	$\phi 1.0$	10~15	110~130	19~21	10~15
盖面层	$\phi 1.0$	10~15	110~130	19~21	10~15

4）余高和焊缝宽度的控制。

5）焊波均匀及焊缝宽窄、高低平整等的掌控，做到焊缝表面无任何焊接缺陷。

（3）工时定额 工时定额为 45min。

（4）安全文明生产

1）认真执行安全技术操作规程。

2）正确穿戴劳动保护用品。

3）严格遵守文明生产规定，做到焊接场地整洁，工件、工具摆放整齐。

4）焊接结束应关闭电焊机和气瓶阀门，并清理焊接现场，检查有无安全隐患。

4. 训练步骤

1）看清训练项目内容，了解技术要求。检查焊件是否符合焊接要求。

2）认真完成焊前的各项检查、调试等准备工作。

3）起动焊机，打开气源后，仔细检查焊机电路、气路系统工况是否正常。

4）根据需要选择和调节合适的焊接电流、电弧电压和气体流量等。

5）认真清理和打磨焊件待焊处，直至露出金属光泽。

6）检查定位焊是否符合要求并预留反变形量 5°~8°。

7）按照焊接工艺及操作要领施焊，注意操作方法的正确性。

8）施焊过程保证稳定的工作位置和焊枪角度及控制 CO₂ 气体对熔池的保护作用。

9）焊后检测焊缝尺寸及表面质量。

5. 训练时间

训练时间为 30 学时。

6. 评分标准

项目配分及评分标准见表 6-27。

表 6-27 项目配分及评分标准

序号	检测项目	配分	技 术 标 准	实测情况	得分	备注
1	余高	8	允许余高 0~3mm，每超差 1mm 扣 4 分			
2	焊缝宽度	10	允许宽度 8~10mm，每超差 1mm 扣 5 分			
3	焊缝高低差	8	允许高低差 1mm，每超差 1mm 扣 4 分			
4	接头成形	6	要求整齐，美观，成形良好，有一处脱节或超高扣 3 分			
5	焊缝宽度差	8	允许宽度差 1mm，每超差 1mm 扣 4 分			

（续）

序号	检测项目	配分	技术标准	实测情况	得分	备注
6	焊缝平直度	10	平直，否则每处扣 5 分			
7	表面未熔合	10	无，否则每处扣 10 分			
8	咬边	8	深<0.5mm，每长 10mm 扣 4 分；深>0.5mm，每长 10mm 扣 8 分			
9	弧坑	4	无，否则每处扣 4 分			
10	焊件变形	10	允许差 1°，每超差 1°扣 4 分			
11	表面气孔	6	无，否则每处扣 6 分			
12	电弧擦伤	6	无，否则每处扣 6 分			
13	焊件清洁	2	清洁，否则每处扣 2 分			
14	安全文明生产	4	劳保用品穿戴整齐，服从管理，文明操作，否则扣 4 分			
	总分	100	项目训练成绩			

第七章 CO_2 焊管焊与管板组合焊操作技术

学习目标：通过本章学习，使学生掌握 CO_2 焊管焊与管板组合焊焊接技术在不同焊接位置、不同装配方式下的焊接操作要点以及在焊接过程中可能出现的各种问题，从而在实际生产中能正确、熟练地进行焊接操作，获得优质焊接接头。

第一节 CO_2 焊管焊操作技术

一、水平固定管焊

1. 水平固定管的焊接特点

由于水平固定管焊是管口朝向左右，焊缝呈竖立向环绕旋转的焊接方式，而管子的轴线固定在水平位置无法转动，所以在焊接过程中需经过仰焊、立焊、平焊等全位置环焊缝的焊接，如图 7-1 所示。焊枪与焊缝的空间位置角度变化很大，为方便叙述施焊顺序，可将环焊缝横断面看作钟表盘，将其划分成 3 点、6 点、9 点、12 点等时钟位置。而把环焊缝又分为两个半周，即时钟 6 点→3 点→12 点位置为一个半周，6 点→9 点→12 点位置为另一个半周，如图 7-2 所示。也就是说水平固定管焊时，要把水平管子分成前半周和后半周两个半周来焊接。随着焊缝位置的不断变化，焊枪的角度和操作人员的身体位置也要随着焊缝位置的变化而不断变换。因此，水平固定管焊也称全位置焊，是焊接中操作难度最大的焊接位置之一。因其操作难度大，所以容易造成 6 点仰焊位置内焊缝形成凹坑或未焊透，外焊缝形成焊瘤或超高；12 点平焊位置内焊缝形成焊瘤或烧穿，外焊缝形成焊缝过低或弧坑过深等缺陷。因此，要正确掌握水平固定管施焊的操作要领。下面以 $\phi133mm \times 12mm$ 水平管焊接为例进行说明。

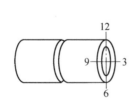

图 7-1 水平固定管示意图

图 7-2 两半周焊接法示意图

2. 多层单道单面焊双面成形

在水平固定管焊接生产中，主要采用开坡口的多层单道单面焊双面成形方法，而且这种方法应用极为广泛。水平固定管焊接层数多少，可根据焊件壁厚来决定。焊件壁厚越厚，焊接层数越多。

水平固定管开坡口的多层单道单面焊双面成形包括打底层焊、填充层焊和盖面层焊。其中每一层焊缝都为单道焊缝，如图 7-3 所示。施焊前，要正确调节合适的焊接电流与电弧电压，使其达到最佳的匹配值，以获得完美的焊缝成形。

打底层焊时，定位焊缝为两处，如图7-4所示。装配时管子轴线必须对正，以免焊后中心线偏斜。装配间隙为始焊处3mm，终焊处3.5mm。焊接时，分两个半周自下而上进行焊接，在超过6点约10mm处引弧施焊，可采用月牙形（下凹月牙形）或锯齿形小幅横向摆动运弧。电弧摆动到坡口两侧时稍作停顿，以防焊层中间凸起及液态金属下淌产生焊瘤等缺陷。焊接时要尽量把焊丝送入坡口根部，同时控制电弧与管件坡口根部的距离在2~3mm之间，能看见部分电弧穿过管件间隙在熔池前方燃烧，同时将坡口两侧钝边完全熔化。为避免施焊过程中焊丝穿出熔池或根部未焊透，焊丝不能离开熔池，应在熔池前半区域摆动，逐渐上升。注意，随着熔池位置的不断上升，应及时调整焊枪角度，如图7-5所示。施焊过程中，要认真观察熔池的温度、熔池的形状和熔孔的大小，熔孔大小应始终保持在0.5~1mm为最佳。熔孔过大，反面焊缝形成塌陷或余高过高，甚至形成未熔合或焊瘤。熔孔过小，坡口两侧根部易造成未焊透缺陷。当焊接到12点位置时收弧停止焊接，相当于平焊收弧。后半周打底焊引弧时，在6点位置进行引弧，引弧后将电弧拉回到前半周焊引弧位置，待听到"噗"的击穿声后，继续正常进行后半周的打底焊。后半周的打底焊方法与前半周方法相同。后半周打底焊收弧位置应超过12点位置并覆盖前半周打底焊收弧弧坑，避免收弧位置产生未熔合缺陷。焊完后的反面焊缝余高为0~3mm。

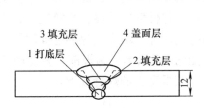

图7-3 水平固定管焊接层数示意图

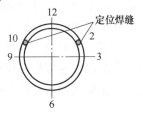

图7-4 定位焊缝位置示意图

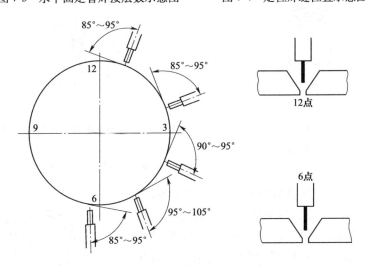

图7-5 水平固定管焊枪角度示意图

填充层焊时，焊接电流适当加大，电弧横向摆动的幅度视坡口宽度的增大而加大，采用月牙形（上凸月牙形）或锯齿形横向摆动运弧进行施焊。电弧摆动到坡口两侧时稍作停顿，中间摆动时摆动速度稍快，以防焊层中间凸起及液态金属下淌产生焊瘤等缺陷。焊完最后的填充层焊缝应比母材表面低1~2mm，并保证坡口两侧棱边不被熔化。这样能使盖面层焊接时看清坡口，保证盖面层焊缝边缘平直。

盖面层焊时，电弧横向摆动的幅度随坡口宽度的增大而继续加大，采用月牙形或锯齿形横向摆动运弧进行施焊。电弧摆动到坡口两侧时应稍作停顿，使坡口两侧温度均衡，焊缝熔合良好，边缘平直，避免产生咬边缺陷。焊完后的盖面层余高为0~3mm，焊缝应宽窄整齐，高低平整，焊波均匀一致，与母材圆滑过渡。

二、垂直固定管焊

1. 垂直固定管的焊接特点

垂直固定管焊缝为平行于水平位置的环焊缝，类似于板对接横焊，区别在于管的横焊缝是有弧度的，焊枪要随焊缝弧度位置变化而变换角度进行焊接，如图7-6所示。

垂直固定管焊接相对于水平固定管焊接较容易些。但是由于垂直固定管焊接时，焊件上下坡口受热不均衡，上坡口温度过高易产生咬边，下坡口温度过低易产生未熔合或焊瘤等缺陷，因此要正确掌握垂直固定管施焊的操作要领。下面以 $\phi133mm \times 12mm$ 垂直管焊接为例进行说明。

2. 多层多道单面焊双面成形

在垂直固定管焊接生产中，主要采用开坡口的多层多道单面焊双面成形方法。垂直固定管焊接层数、道数多少，可根据焊件壁厚来决定。焊件壁厚越厚，焊接层数、道数越多。

垂直固定管多层多道单面焊双面成形包括打底层焊、填充层焊和盖面层焊。其中第一层焊缝为单道焊缝，其余焊缝为多层多道焊缝，如图7-7所示。施焊前，要正确调节合适的焊接电流与电弧电压，使其达到最佳的匹配值，以获得完美的焊缝成形。

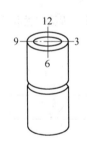

图7-6　垂直固定
管示意图

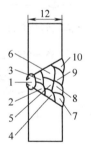

图7-7　垂直固定管焊层道数示意图
1—打底层　2、3—第一填充层
4、5、6—第二填充层　7、8、9、10—盖面层

打底层焊时，定位焊缝为两处，如图7-8所示，装配时管子轴线必须对正，以免焊后中心线偏斜。装配间隙始焊处为3mm，终焊处为3.5mm。采用焊接电流为100A，电弧电压为19V。焊接时，可采用小月牙形或小锯齿形上下摆动运弧法，电弧摆动到坡口两侧时稍作停顿，注意随时调整焊枪角度，如图7-9所示。

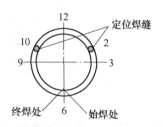

图7-8　垂直固定管定位焊缝位置示意图

要把焊丝送入坡口根部，以电弧能将坡口两侧钝边完全熔化为好。认真观察熔池的温度、熔池的形状和熔孔的大小（上、下熔孔大小应始终保

持在 0.5~1mm 为最佳)。若熔孔过大,则反面焊缝余高过高,甚至形成焊瘤或烧穿。若熔孔过小,则坡口两侧根部易造成未焊透缺陷。焊完后的反面焊缝余高为 0~3mm。

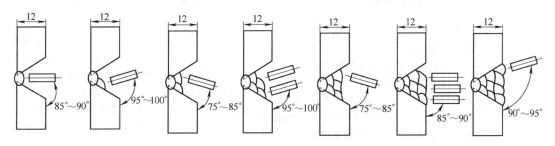

图 7-9 垂直固定管焊接时焊枪角度示意图

填充层焊时,第一填充层为两道焊缝,第二填充层为三道焊缝。可采用直线形或小锯齿形上下摆动运弧法。焊接电流适当加大,注意随时调整焊枪角度。焊接时,后一道焊缝压前一道焊缝的 1/2,严格控制熔池温度,使焊层与焊道之间熔合良好。保证每层每道焊缝的厚度和平整度。焊完的最后一层填充层焊缝应比母材表面低 1~2mm,这样可使盖面层焊接时能看清坡口,保证盖面层焊缝边缘平直,焊缝与母材圆滑过渡。

盖面层焊为一层四道焊缝。焊接时,后一道焊缝压前一道焊缝的 1/2,注意随时调整焊枪角度,保持匀速焊接,保证每层每道焊缝的厚度和平整度。当焊至最后一道焊缝时,焊接电流适当减小,焊速适当加快,使上坡口温度均衡,焊缝熔合良好,边缘平直。焊完后的盖面层焊缝余高为 0~3mm。焊缝应宽窄整齐,高低平整,焊缝与母材圆滑过渡。

实训十 V 形坡口水平管对接焊的操作步骤

序号	操作程序	操作技术要领	技术依据质量标准	检验方法	易产生问题及焊接缺陷	产生原因及防治措施
10-1	装配	将两节管件放于水平位置,两轴心对正,装配间隙 3.0mm,在管子顺时针 2 点和 10 点两个位置进行定位焊,定位焊可采用正式或非正式定位焊缝,定位焊长度应小于 10mm。注意定位焊的焊接电流不宜过大。把装配好的焊件按水平位置固定在操作平台或焊接胎具(架)上,准备施焊	两管同轴心,焊件位置水平放置稳定,牢固夹紧	检查定位焊缝质量,焊件固定后应不松动、不跌落	定位焊缝没有焊牢固,有错边;焊件没放在水平位置,焊件有松动	定位焊缝应点固牢靠,无错边;焊件尽可能放置水平;焊件尽可能牢固夹紧
10-2	姿势	焊接时,身体呈单腿下蹲姿势,上身挺直稍向前倾,双脚蹲稳。根据焊缝的长度和角度来确定身体与焊缝的相对位置。尽可能保证单腿跪地时能从 6 点过 10mm 位置处焊到 3 点位置处,站立稍弯腰能从 3 点位置处焊到 12 点位置处。采用双手持枪,右手握焊枪,左手辅助托起焊枪,保持焊枪稳定。手臂悬空,以小臂与右手腕配合,控制与管件的角度、焊接速度及电弧的摆动运弧	人体蹲稳,手臂悬空,手腕运弧自如	自己试蹲操作姿势、操作位置,感觉自如	脚跟不着地,蹲姿不稳;双臂肘依托、依靠大腿不灵活	根据要领进行水平固定管焊姿势、蹲位的训练。双臂悬空平稳,手腕运弧灵活自如

（续）

序号	操作程序	操作技术要领	技术依据质量标准	检验方法	易产生问题及焊接缺陷	产生原因及防治措施
10-3	引弧	焊枪内焊丝端头距始焊处2mm，按动按钮，随后自动送气、送电、送丝，焊丝与焊件表面相接触而短路起弧。此时，由于焊丝与焊件接触而产生一个反弹力，操作者应握紧焊枪，勿使焊枪因冲击而回升，一定要保持喷嘴与焊件表面距离恒定，这是防止引弧时产生缺陷的关键	采用焊丝直径为1mm。保证喷嘴与焊件表面距离恒定	检查始焊处焊缝尺寸及焊接质量	始焊处焊缝不在端头和接缝上；始焊处焊缝产生高低不平、宽窄不齐现象	按要求正确掌握引弧始焊技术；引弧后焊速过快造成；适当预热，焊速适合，小幅摆动
10-4	运弧	电弧需要有三个力同时作用于熔池：一是随着焊丝的熔化焊枪及时向前给送；二是随着熔池温度和尺寸变化焊枪向前进方向移动形成焊缝；三是根据焊缝宽度和熔合的需要横向摆动。当电弧摆动到坡口两侧时应稍作停顿，避免焊缝产生咬边和熔合不良现象	焊缝平直，宽窄一致。焊缝正背面余高为0~3mm	检查焊缝表面缺陷，用检测尺检查焊缝外观尺寸	焊缝高低不平、宽窄不齐，有脱节现象	严格控制焊接速度，调整焊枪角度，摆动幅度不要太大，熟练运弧
10-5	接头	打底层焊时，在收弧处后端5mm处引燃电弧，快速摆动至接头端部时下压并稍作停顿，待填满弧坑后正常向焊接方向施焊。填充层焊和盖面层焊时，在收弧处前端5mm处引燃电弧，快速摆动至接头端部稍作停顿，待填满弧坑后正常向焊接方向进行施焊	接头过渡平整，不过高、不脱节，无焊瘤或未焊透	检查接头处焊缝质量，用测量器测定焊缝接头处尺寸	接头焊瘤、接头脱节、接头超高	电弧停留时间过长或过短，下压过低或不够造成。熟练操作手法，控制停留时间
10-6	熄弧	当中断焊接过程或焊至终焊处熄弧时，按动按钮，电弧熄灭，焊枪应在熄弧处停留3~5s后方可移开，以保证熔池在冷却凝固时得到可靠的CO$_2$气体滞后保护，此时自动断电、断气，焊接过程结束	终焊熄弧处焊缝饱满无缺陷，焊缝尺寸与整条焊缝一致	检查终焊熄弧处焊接质量，用焊缝测量器测定焊缝尺寸	终焊熄弧处弧坑塌陷，温度过高产生气孔	采用断弧法降温，缩小熔池面积并填满弧坑，熄弧动作要干净利落

实训十一　V形坡口垂直管对接焊的操作步骤

序号	操作程序	操作技术要领	技术依据质量标准	检验方法	易产生问题及焊接缺陷	产生原因及防治措施
11-1	装配	将两节管件放于竖直位置，两轴心对正，装配间隙3.0mm，在管子顺时针2点和10点两个位置进行定位焊，定位焊可采用正式或非正式定位焊缝，定位焊长度应小于10mm。注意定位焊的焊接电流不宜过大。把装配好的焊件按竖直位置固定在操作平台或焊接胎具（架）上，准备施焊	两管同轴心，焊件垂直于水平面放置稳定，牢固夹紧	检查定位焊缝质量，焊件固定后应不松动、不跌落	定位焊缝没有焊牢固，有错边；焊件没有在垂直于水平面位置；焊件有松动	定位焊缝应焊接牢靠，无错边；焊件尽可能放置垂直于水平面；焊件尽可能牢固夹紧

（续）

序号	操作程序	操作技术要领	技术依据质量标准	检验方法	易产生问题及焊接缺陷	产生原因及防治措施
11-2	姿势	焊接时，身体呈下蹲姿势，上身挺直稍向前倾，双脚跟着地八字蹲稳。根据焊缝长度与角度变化确定身体与焊缝的相对位置。注意应保证焊接过程中视线无遮挡，始终可以观察到电弧。采用双手持枪，右手握焊枪，左手辅助托起焊枪，保持焊枪稳定。手臂半悬空，以小臂与右手腕配合，控制与焊件的角度、焊接速度及电弧的摆动运弧	人体蹲稳，手臂悬空，手腕运弧自如	自己试蹲操作姿势、操作位置，感觉自如	双脚跟不着地，蹲姿不稳；双臂肘依托、依靠大腿不灵活	根据要领进行垂直管对接焊姿势、蹲位的训练。双臂半悬空平稳，手腕运弧灵活自如
11-3	引弧	焊枪内焊丝端头距始焊处2mm，按动按钮，随后自动送气、送电、送丝，焊丝与焊件表面相接触而短路起弧。此时，由于焊丝与焊件接触而产生一个反弹力，操作者应握紧焊枪，勿使焊枪因冲击而回升，一定要保持喷嘴与焊件表面距离恒定，这是防止引弧时产生缺陷的关键	采用焊丝直径为1mm。保证喷嘴与焊件表面距离恒定	检查始焊处焊缝尺寸及焊接质量	始焊处焊缝不在端头和接缝上；始焊处焊缝产生高低不平、宽窄不齐现象	按要求正确掌握引弧始焊技术；引弧后焊速过快造成；适当预热，焊速适合，小幅摆动
11-4	运弧	电弧需要有三个力同时作用于熔池：一是随着焊丝的熔化焊枪及时向前给送；二是随着熔池温度和尺寸变化焊枪向前进方向移动形成焊缝；三是根据焊缝宽度和熔合的需要横向摆动，直线运弧除外。当电弧摆动到坡口两侧棱边时应稍作停顿，避免焊缝产生咬边和熔合不良现象	焊缝平直，宽窄一致。焊缝正背面余高为0~3mm	检查焊缝表面缺陷，用检测尺检查焊缝外观尺寸	焊缝高低不平、宽窄不齐，有脱节现象	严格控制焊接速度，调整焊枪角度，摆动幅度不要太大，熟练运弧
11-5	接头	打底层焊时，在收弧处后端5mm处引燃电弧，快速摆动至接头端部时下压并稍作停顿，待填满弧坑后正常向焊接方向施焊。填充层焊和盖面层焊时，在收弧处前端5mm处引燃电弧，快速摆动至接头端部稍作停顿，待填满弧坑后正常向焊接方向进行施焊	接头过渡平整，不过高、不脱节，无焊瘤或未焊透	检查接头处焊缝质量，用测量器测定焊缝接头处尺寸	接头焊瘤、接头脱节、接头超高	电弧停留时间过长或过短，下压过低或不够造成。熟练操作手法，控制停留时间
11-6	熄弧	当中断焊接过程或焊至终焊处熄弧时，按动按钮，电弧熄灭，焊枪应在熄弧处停留3~5s后方可移开，以保证熔池在冷却凝固时得到可靠的CO_2气体滞后保护，此时自动断电、断气，焊接过程结束	终焊熄弧处焊缝饱满无缺陷，焊缝尺寸与整条焊缝一致	检查终焊熄弧处焊接质量，用焊缝测量器测定焊缝尺寸	终焊熄弧处弧坑塌陷，温度过高产生气孔	采用断弧法降温，缩小熔池面积并填满弧坑，熄弧动作要干净利落

项目训练十 φ133mm 钢管 V 形坡口水平对接焊

1. 训练图样

V 形坡口水平固定管对接单面焊双面成形的图样如图 7-10 所示。

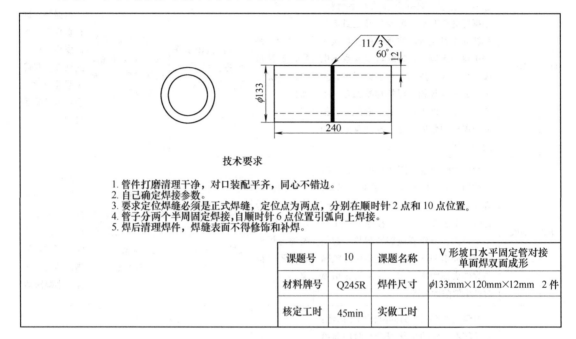

技术要求

1. 管件打磨清理干净，对口装配平齐，同心不错边。
2. 自己确定焊接参数。
3. 要求定位钎缝必须是正式焊缝，定位点为两点，分别在顺时针 2 点和 10 点位置。
4. 管子分两个半周固定焊接，自顺时针 6 点位置引弧向上焊接。
5. 焊后清理焊件，焊缝表面不得修饰和补焊。

课题号	10	课题名称	V 形坡口水平固定管对接单面焊双面成形
材料牌号	Q245R	焊件尺寸	φ133mm×120mm×12mm 2 件
核定工时	45min	实做工时	

图 7-10 训练图样

2. 焊前准备

（1）焊接方法 半自动 CO₂ 焊。

（2）钢材牌号 Q245R。

（3）焊丝牌号 H08Mn2SiA，焊丝为实心焊丝，直径为 φ1.0mm。

（4）焊件尺寸 $L×B×S=φ133mm×120mm×12mm$。

（5）焊接位置 水平固定管焊。

（6）接头形式 对接接头。

（7）坡口形式 V 形坡口，坡口角度为 60°。

（8）焊接场地、焊机及辅助设备、工量具

1）场地。具有良好的采光、照明、除尘条件及适合各种位置焊接的焊接胎夹具。

2）焊机。NBC-350 焊机。

3）辅助设备。内置或外置送丝机、CO₂ 气瓶、流量计、焊枪、电缆、胶管等。

4）工量具。锤子、錾子、钢丝刷、90°角尺、焊缝测量器、角向磨光机等。

3. 训练要求

（1）训练目的

1）熟练掌握 CO₂ 焊弧焊电源及附属设备的调节、使用方法。

2）熟练掌握 CO₂ 焊的引弧、运弧、接头、熄弧等操作要领。

3）掌握开坡口 V 形坡口水平固定管对接单面焊双面成形操作技巧和方法。

（2）训练内容

1）填写焊接工艺卡，见表 7-1。

表 7-1　焊接工艺卡

焊件厚度	装配间隙	焊丝直径	焊接电流	电弧电压	焊枪角度	运弧方法	反变形量

2）焊接设备的使用和调节。

3）焊接参数的选择见表 7-2，重点是焊接电流与电弧电压匹配的调节。

表 7-2　焊接参数

焊接层次	焊丝直径/mm	焊丝伸出长度/mm	焊接电流/A	焊接电压/V	气体流量/L·min
打底层	$\phi1.0$	10~15	90~110	18~20	10~15
填充层	$\phi1.0$	10~15	110~130	19~21	10~15
盖面层	$\phi1.0$	10~15	110~130	19~21	10~15

4）余高和焊缝宽度的控制。

5）焊波均匀及焊缝宽窄、高低平整等的掌控，做到焊缝表面无任何焊接缺陷。

（3）工时定额　工时定额为 45min。

（4）安全文明生产

1）认真执行安全技术操作规程。

2）正确穿戴劳动保护用品。

3）严格遵守文明生产规定，做到焊接场地整洁，工件、工具摆放整齐。

4）焊接结束应关闭电焊机和气瓶阀门，并清理焊接现场，检查有无安全隐患。

4. 训练步骤

1）看清训练项目内容，了解技术要求。检查焊件是否符合焊接要求。

2）认真完成焊前的各项检查、调试等准备工作。

3）起动焊机，打开气源后，仔细检查焊机电路、气路系统工况是否正常。

4）根据需要选择和调节合适的焊接电流、电弧电压和气体流量等。

5）认真清理和打磨焊件待焊处，直至露出金属光泽。

6）检查定位焊缝是否符合要求。

7）按照焊接工艺及操作要领施焊，注意操作方法的正确性。

8）施焊过程保证稳定的工作位置和焊枪角度及控制 CO_2 气体对熔池的保护作用。

9）焊后检测焊缝尺寸及表面质量。

5. 训练时间

训练时间为 30 学时。

6. 评分标准

项目配分及评分标准见表 7-3。

表 7-3 项目配分及评分标准

序号	检测项目	配分	技 术 标 准	实测情况	得分	备注
1	余高	8	允许余高 0~3mm, 每超差 1mm 扣 4 分			
2	焊缝宽度	10	允许宽度 8~10mm, 每超差 1mm 扣 5 分			
3	焊缝高低差	8	允许高低差 1mm, 每超差 1mm 扣 4 分			
4	接头成形	6	要求整齐、美观、成形良好, 有一处脱节或超高扣 3 分			
5	焊缝宽度差	8	允许宽度差 1mm, 每超差 1mm 扣 4 分			
6	焊缝平直度	10	平直, 否则每处扣 5 分			
7	表面未熔合	10	无, 否则每处扣 10 分			
8	咬边	8	深<0.5mm, 每长 10mm 扣 4 分; 深>0.5mm, 每长 10mm 扣 8 分			
9	弧坑	4	无, 否则每处扣 4 分			
10	焊件变形	10	允许差 1°, 每超差 1° 扣 4 分			
11	表面气孔	6	无, 否则每处扣 6 分			
12	电弧擦伤	6	无, 否则每处扣 6 分			
13	焊件清洁	2	清洁, 否则每处扣 2 分			
14	安全文明生产	4	劳保用品穿戴整齐, 服从管理, 文明操作, 否则扣 4 分			
	总分	100	项目训练成绩			

项目训练十一 ϕ133mm 钢管 V 形坡口垂直对接焊

1. 训练图样

V 形坡口垂直固定管对接单面焊双面成形的图样如图 7-11 所示。

2. 焊前准备

（1）焊接方法 半自动 CO_2 焊。

（2）钢材牌号 Q245R。

（3）焊丝牌号 H08Mn2SiA, 焊丝为实心焊丝, 尺寸为 ϕ1.0mm。

（4）焊件尺寸 $L×B×S=\phi$133mm×120mm×12mm。

（5）焊接位置 垂直固定管焊。

（6）接头形式 对接接头。

（7）坡口形式 V 形坡口, 坡口角度为 60°。

（8）焊接场地、焊机及辅助设备、工量具

1）场地。具有良好的采光、照明、除尘条件及适合各种位置焊接的焊接胎夹具。

2）焊机。NBC-350 焊机。

3）辅助设备。内置或外置送丝机、CO_2 气瓶、流量计、焊枪、电缆、胶管等。

4）工量具。锤子、錾子、钢丝刷、90°角尺、焊缝测量器、角向磨光机等。

3. 训练要求

（1）训练目的

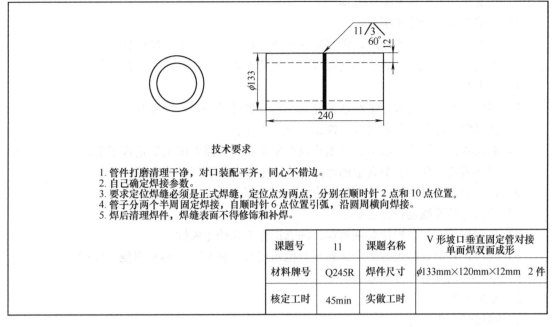

图 7-11　训练图样

技术要求

1. 管件打磨清理干净，对口装配平齐，同心不错边。
2. 自己确定焊接参数。
3. 要求定位焊缝必须是正式焊缝，定位点为两点，分别在顺时针2点和10点位置。
4. 管子分两个半周固定焊接，自顺时针6点位置引弧，沿圆周横向焊接。
5. 焊后清理焊件，焊缝表面不得修饰和补焊。

课题号	11	课题名称	V形坡口垂直固定管对接单面焊双面成形
材料牌号	Q245R	焊件尺寸	ϕ133mm×120mm×12mm　2件
核定工时	45min	实做工时	

1）熟练掌握 CO_2 焊弧焊电源及附属设备的调节、使用方法。

2）熟练掌握 CO_2 焊的引弧、运弧、接头、熄弧等操作要领。

3）掌握开 V 形坡口垂直固定管对接单面焊双面成形操作技巧和方法。

（2）训练内容

1）填写焊接工艺卡，见表7-4。

表 7-4　焊接工艺卡

焊件厚度	装配间隙	焊丝直径	焊接电流	电弧电压	焊枪角度	运弧方法	反变形量

2）焊接设备的使用和调节。

3）焊接参数的选择见表7-5，重点是焊接电流与电弧电压匹配的调节。

表 7-5　焊接参数

焊接层次	焊丝直径/mm	焊丝伸出长度/mm	焊接电流/A	焊接电压/V	气体流量/L·min
打底层	ϕ1.0	10~15	90~110	18~20	10~15
填充层	ϕ1.0	10~15	110~130	19~21	10~15
盖面层	ϕ1.0	10~15	110~130	19~21	10~15

4）余高和焊缝宽度的控制。

5）焊波均匀及焊缝宽窄一致、高低平整等的掌控，做到焊缝表面无任何焊接缺陷。

（3）工时定额　工时定额为45min。

（4）安全文明生产

1）认真执行安全技术操作规程。

2）正确穿戴劳动保护用品。

3）严格遵守文明生产规定，做到焊接场地整洁，工件、工具摆放整齐。

4）焊接结束应关闭电焊机和气瓶阀门，并清理焊接现场，检查有无安全隐患。

4. 训练步骤

1）看清训练项目内容，了解技术要求。检查焊件是否符合焊接要求。

2）认真完成焊前的各项检查、调试等准备工作。

3）起动焊机，打开气源后，仔细检查焊机电路、气路系统工况是否正常。

4）根据需要选择和调节合适的焊接电流、电弧电压和气体流量等。

5）认真清理和打磨焊件待焊处，直至露出金属光泽。

6）检查定位焊缝是否符合要求。

7）按照焊接工艺及操作要领施焊，注意操作方法的正确性。

8）施焊过程保证稳定的工作位置和焊枪角度及控制 CO_2 气体对熔池的保护作用。

9）焊后检测焊缝尺寸及表面质量。

5. 训练时间

训练时间为 30 学时。

6. 评分标准

项目配分及评分标准见表 7-6。

表 7-6　项目配分及评分标准

序号	检测项目	配分	技 术 标 准	实测情况	得分	备注
1	余高	8	允许余高 0~3mm，每超差 1mm 扣 4 分			
2	焊缝宽度	10	允许宽度 8~10mm，每超差 1mm 扣 5 分			
3	焊缝高低差	8	允许高低差 1mm，每超差 1mm 扣 4 分			
4	接头成形	6	要求整齐，美观，成形良好，有一处脱节或超高扣 3 分			
5	焊缝宽度差	8	允许宽度差 1mm，每超差 1mm 扣 4 分			
6	焊缝平直度	10	平直，否则每处扣 5 分			
7	表面未熔合	10	无，否则每处扣 10 分			
8	咬边	8	深<0.5mm，每长 10mm 扣 4 分；深>0.5mm，每长 10mm 扣 8 分			
9	弧坑	4	无，否则每处扣 4 分			
10	焊件变形	10	允许差 1°，每超差 1° 扣 4 分			
11	表面气孔	6	无，否则每处扣 6 分			
12	电弧擦伤	6	无，否则每处扣 6 分			
13	焊件清洁	2	清洁，否则每处扣 2 分			
14	安全文明生产	4	劳保用品穿戴整齐，服从管理，文明操作，否则扣 4 分			
	总分	100	项目训练成绩			

第二节　CO₂焊管板组合焊操作技术

CO₂焊管板组合焊根据焊件对接方式不同，主要可分为插入式管板对接和骑座式管板对接两种。本节主要以插入式管板为例，对管板组合焊进行讲解。

一、管板垂直平焊

1. 管板垂直平焊的焊接特点

管板垂直平焊焊接的是一条管垂直于板水平位置的角焊缝。与板板角平焊所不同的是管板垂直平焊焊缝是有弧度的，焊枪随焊缝弧度位置变化而变换角度进行焊接。焊接时，由于管壁较薄没有坡口，而板较厚则有坡口，坡口角度为40°，管与板受热不均衡，易产生咬边、未熔合或焊瘤等缺陷。因此，要正确掌握管板垂直平焊施焊的操作要领。

2. 多层单道单面焊双面成形

管板垂直平焊多层单道单面焊双面成形焊缝包括打底层焊、填充层焊和盖面层焊，如图 7-12 所示。下面以ϕ60mm×4mm 管、150mm×150mm×12mm 板组合垂直平焊焊接为例进行说明。

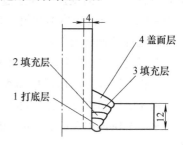

图 7-12　管板垂直平焊焊层示意图

打底层焊时，定位焊缝两处，分别在顺时针 2 点和 10 点位置点固，自 6 点位置始焊。装配时，装配间隙为 3mm。管与板应垂直对正。要正确调节合适的焊接电流与电弧电压，使其达到最佳的匹配值，以获得完美的焊缝成形。可采用锯齿形横向摆动运弧法，电弧摆动到坡口两侧时稍作停顿，注意调整焊枪与管、板之间角度，如图 7-13 所示。焊枪后倾夹角为 75°~85°，如图 7-14 所示。要把焊丝送入坡口根部，以电弧能将坡口两侧钝边完全熔化为好。要认真观察熔池的温度、熔池的形状和熔孔的大小。若熔孔过大，则反面焊缝余高过高，甚至形成焊瘤或烧穿。若熔孔过小，则坡口两侧根部易造成未焊透缺陷。焊完后的反面焊缝余高为 0~3mm。

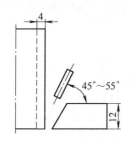

图 7-13　管板垂直平焊焊枪与管板角度示意图

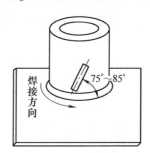

图 7-14　管板垂直平焊焊枪后倾夹角示意图

填充层焊时，焊接电流适当加大，电弧横向摆动的幅度视坡口宽度的增大而加大。焊接过程中，因管壁较薄，连续焊接过程中管子易过热发红，很容易产生咬边、焊漏甚至烧穿等缺陷。因此，焊接过程中应有意识地将电弧的热量偏向孔板一侧。焊完最后的填充层焊缝应比孔板母材表面低 1~2mm，这样可使盖面层焊接时能够看清坡口棱边，保证盖面层焊缝边缘平直，焊缝与母材圆滑过渡。

盖面层焊时，电弧横向摆动的幅度随坡口宽度的增大而继续加大，保持焊枪角度正确性，防止管壁一侧产生咬边缺陷。电弧摆动到坡口两侧时应稍作停顿，使坡口两侧温度均衡，焊缝熔合良好，边缘平直。焊完后的盖面层焊脚高度为管壁厚+系数（0~3）。焊缝应宽窄整齐，高低平整，焊波均匀一致。

二、管板水平焊

1. 管板水平焊的焊接特点

管板水平焊焊接的是一条管板处于水平位置的全位置角焊缝，需经仰焊、立焊、平焊等焊接位置。焊接时，要把管、板焊接也分成前半周和后半周两个半周自下而上进行焊接。前半周由 6 点始经 3 点至 12 点终，后半周自 6 点始经 9 点至 12 点终。焊枪的角度要随着焊缝空间位置的变化而变换。焊接过程中，由于管壁较薄没有坡口，而板较厚则有坡口，坡口角度为 40°，管与板受热不均衡，易产生咬边、未熔合或焊瘤等缺陷。因此，要正确掌握管板水平焊施焊的操作要领。

2. 多层单道单面焊双面成形

管板水平焊多层单道单面焊双面成形焊缝包括打底层焊、填充层焊和盖面层焊，如图 7-15 所示。下面以 φ60mm×4mm 管、150mm×150mm×12mm 板组合水平焊焊接为例进行说明。

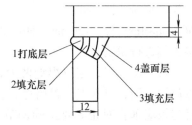

图 7-15　管板水平焊焊层示意图

打底层焊时，定位焊缝两处，分别在顺时针 2 点和 10 点位置点固，自 6 点过 10mm 位置始焊。装配时，装配间隙为 3mm。管与板应垂直对正。施焊前，要正确调节合适的焊接电流与电弧电压，使其达到最佳的匹配值，以获得完美的焊缝成形。施焊时，可采用锯齿形横向摆动运弧法，电弧摆动到坡口两侧时稍作停顿，注意调整焊枪与管板角度，如图 7-16 所示。焊枪后倾夹角如图 7-17 所示。要把焊丝送入坡口根部，以电弧能将坡口两侧钝边完全熔化为好。要认真观察熔池的温度、熔池的形状和熔孔的大小。若熔孔过大，则反面焊缝余高过高，甚至形成焊瘤或烧穿。若熔孔过小，则坡口两侧根部易造成未焊透缺陷。焊完后的反面焊缝余高为 0~3mm。

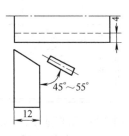

图 7-16　管板水平焊焊枪与管
板角度示意图

图 7-17　管板水平焊焊枪后
倾夹角示意图

填充层焊时，焊接电流适当加大，电弧横向摆动的幅度视坡口宽度的增大而加大。焊接过程中，因管壁较薄，连续焊接过程中管子易过热发红，很容易产生咬边、焊漏甚至烧穿等缺陷。因此，焊接过程中应有意识地将电弧的热量偏向孔板一侧。焊完最后的填充层焊缝应比孔板母材表面低1~2mm，这样可使盖面层焊接时能够看清坡口棱边，保证盖面层焊缝边缘平直，焊缝与母材圆滑过渡。

盖面层焊时，电弧横向摆动的幅度随坡口宽度的增大而继续加大，保持焊枪角度正确性，防止管壁一侧产生咬边缺陷。电弧摆动到坡口两侧时应稍作停顿，使坡口两侧温度均衡，焊缝熔合良好，边缘平直。焊完后的盖面层焊脚高度为管壁厚+系数（0~3）。焊缝应宽窄整齐，高低平整，焊波均匀一致。

三、管板垂直仰焊

1. 管板垂直仰焊的焊接特点

管板垂直仰焊焊接的是一条管与板处于水平位置的仰角焊缝。与板板仰角焊所不同的是，管板垂直仰焊焊缝是有弧度的，焊枪随焊缝弧度位置变化而变换角度进行焊接。焊接时，由于管壁较薄没有坡口，而板较厚有坡口，坡口角度为40°，管与板受热不均衡，易产生咬边、未熔合或焊瘤等缺陷。因此，要正确掌握管板垂直仰焊施焊的操作要领。

2. 多层单道单面焊双面成形

管板垂直仰焊多层单道单面焊双面成形包括打底层焊、填充层焊和盖面层焊，如图7-18所示。下面以ϕ60mm×4mm管、150mm×150mm×12mm板组合垂直仰焊焊接为例进行说明。

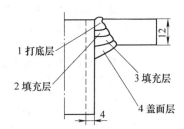

图7-18　管板垂直平焊焊层示意图

打底层焊时，定位焊缝两处，分别在顺时针2点和10点位置点固，自6点过10mm位置始焊，沿圆周焊至6点位置终焊。装配时，装配间隙为3mm。管与板应垂直对正。施焊前，要正确调节合适的焊接电流与电弧电压，使其达到最佳的匹配值，以获得完美的焊缝成形。施焊时，可采用锯齿形横向摆动运弧法，电弧摆动到坡口两侧时稍作停顿，注意调整焊枪与管、板之间角度，如图7-19所示。焊枪后倾夹角如图7-20所示。要把焊丝送入坡口根部，以电弧能将坡口两侧钝边完全熔化为好。要认真观察熔池的温度、熔池的形状和熔孔的大小。若熔孔过大，则反面焊缝余高过高，甚至形成焊瘤或烧穿。若熔孔过小，则坡口两侧根部易造成未焊透缺陷。焊完后的反面焊缝余高为0~3mm。

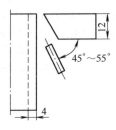

图7-19　管板垂直平焊焊枪
角度示意图

图7-20　管板垂直仰焊焊枪后
倾夹角示意图

填充层焊时，焊接电流适当加大，电弧横向摆动的幅度视坡口宽度的增大而加大。焊接过程中，因管壁较薄，连续焊接过程中管子易过热发红，很容易产生咬边、焊漏甚至烧穿等缺陷。因此，焊接过程中应有意识地将电弧的热量偏向孔板一侧。焊完最后的填充层焊缝应比孔板母材表面低1~2mm，这样可使盖面层焊接时能够看清坡口棱边，保证盖面层焊缝边缘平直，焊缝与母材圆滑过渡。

盖面层焊时，电弧横向摆动的幅度随坡口宽度的增大而继续加大，保持焊枪角度正确性，防止管壁一侧产生咬边缺陷。电弧摆动到坡口两侧时应稍作停顿，使坡口两侧温度均衡，焊缝熔合良好，边缘平直。焊完后的盖面层焊脚高度为管壁厚+系数（0~3）。焊缝应宽窄整齐，高低平整，焊波均匀一致。

实训十二 插入式管板垂直平焊的操作步骤

序号	操作程序	操作技术要领	技术依据质量标准	检验方法	易产生问题及焊接缺陷	产生原因及防治措施
12-1	装配	将孔板放于水平位置，将孔板开孔与管件两轴心对正，装配间隙3.0mm，保证管件与孔板位置垂直，在管子顺时针2点和10点两个位置进行定位焊，定位焊长度应小于10mm。注意定位焊的焊接电流不宜过大。把装配好的焊件按孔板水平位置固定在操作平台或焊接胎具（架）上，准备施焊	管板同心同轴，相互垂直。焊接孔板位置水平，放置稳定，牢固夹紧	检查定位焊缝质量，焊件固定后应不松动、不跌落	定位焊缝没有焊接牢固，有错边，相互不垂直；焊件孔板没有在水平位置；焊件有松动	定位焊缝应焊接牢靠，无错边，相互垂直；焊件孔板尽可能放置水平；焊件尽可能牢固夹紧
12-2	姿势	焊接时，身体呈下蹲姿势，上身挺直稍向前倾，双脚跟着地八字蹲稳。根据环焊缝每次连续施焊的长度与角度变化确定身体与焊缝的相对位置。注意应保证焊接过程中视线无遮挡，始终可以观察到电弧。采用双手持枪，右手握焊枪，左手辅助托起焊枪，保持焊枪稳定。手臂半悬空，以小臂与右手腕配合，控制与焊件的角度、焊接速度及电弧的摆动运弧	人体蹲稳，手臂悬空，手腕运弧自如	自己试蹲操作姿势、操作位置，感觉自如	双脚跟不着地，蹲姿不稳。双臂肘依托、依靠大腿不灵活	根据要领进行接焊姿势、蹲位的训练。双臂半悬空平稳，手腕运弧灵活自如
12-3	引弧	焊枪内焊丝端头距始焊处2mm，按动按钮，随后自动送气、送电、送丝，焊丝与焊件表面相接触而短路起弧。此时，由于焊丝与焊件接触而产生一个反弹力，操作者应握紧焊枪，勿使焊枪因冲击而回升，一定要保持喷嘴与焊件表面距离恒定，这是防止引弧时产生缺陷的关键	采用焊丝直径为1mm。保证喷嘴与焊件表面距离恒定	检查始焊处焊缝尺寸及焊接质量	始焊处焊缝不在端头和接缝上；始焊处焊缝产生高低不平、宽窄不齐现象	按要求正确掌握引弧始焊技术；引弧后焊速过快造成；适当预热，焊速适合
12-4	运弧	电弧需要有三个力同时作用于熔池：一是随着焊丝的熔化焊枪及时向下给送；二是随着熔池温度和尺寸变化焊枪向前进方向移动形成焊缝；三是根据焊缝宽度和熔合的需要横向摆动。当电弧摆动到坡口两侧棱边时应稍作停顿，避免焊缝产生咬边和熔合不良现象	焊缝平直，宽窄一致。焊缝背面余高为0~3mm	检查焊缝表面缺陷，用检测尺检查焊缝外观尺寸	焊缝高低不平、宽窄不齐，有脱节现象	严格控制焊接速度，调整焊枪角度，摆动幅度不要太大，熟练运弧

（续）

序号	操作程序	操作技术要领	技术依据质量标准	检验方法	易产生问题及焊接缺陷	产生原因及防治措施
12-5	接头	打底层焊时，在收弧处后端5mm处引燃电弧，快速摆动至接头端部时下压并稍作停顿，待填满弧坑后正常向焊接方向施焊。填充层焊和盖面层焊时，在收弧处前端5mm处引燃电弧，快速摆动至接头端部稍作停顿，待填满弧坑后正常向焊接方向进行施焊	接头过渡平整，不过高、不脱节，无焊瘤或未焊透	检查接头处焊缝质量，用测量器测定焊缝接头处尺寸	接头焊瘤、接头脱节、接头超高	电弧停留时间过长或过短，下压过低或不够造成。熟练操作手法，控制停留时间
12-6	熄弧	当中断焊接过程或焊至终焊处熄弧时，按动按钮，电弧熄灭，焊枪应在熄弧处停留3~5s后方可移开，以保证熔池在冷却凝固时得到可靠的CO₂气体滞后保护，此时自动断电、断气，焊接过程结束	终焊熄弧处焊缝饱满无缺陷，焊缝尺寸与整条焊缝一致	检查终焊熄弧处焊接质量，用焊缝测量器测定焊缝尺寸	终焊熄弧处弧坑塌陷，温度过高产生气孔	采用断弧法降温，缩小熔池面积并填满弧坑，熄弧动作要干净利落

实训十三　插入式管板水平固定焊的操作步骤

序号	操作程序	操作技术要领	技术依据质量标准	检验方法	易产生问题及焊接缺陷	产生原因及防治措施
13-1	装配	将孔板放于水平位置，将孔板开孔与管件两轴心对正，装配间隙3.0mm，保证管件与孔板位置垂直，在管子顺时针2点和10点两个位置进行定位焊，定位焊长度应小于10mm。注意定位焊的焊接电流不宜过大。把装配好的焊件按管件水平位置固定在操作平台或焊接胎具（架）上，准备施焊	管板同心同轴，相互垂直。焊件管件位置水平，放置稳定，牢固夹紧	检查定位焊缝质量，焊件固定后应不松动、不跌落	定位焊缝没有焊牢固，有错边，相互不垂直；管件位置不水平，有松动	定位焊缝应焊接牢靠，无错边，相互垂直；焊件管件尽可能放置水平，并尽可能牢固夹紧
13-2	姿势	焊接时，身体呈单腿下蹲姿势，上身挺直稍向前倾，双脚蹲稳。根据焊缝的长度和角度来确定身体与焊缝的相对位置。尽可能保证单腿跪地时能从6点过10mm位置处焊到3点位置处，站立稍弯腰能从3点位置处焊到0点位置处。采用双手持枪，右手握焊枪，左手辅助托起焊枪，保持焊枪稳定。手臂悬空，以小臂与右手腕配合，控制与管件的角度、焊接速度及电弧的摆动运弧	人体蹲稳，手臂悬空，手腕运弧自如	自己试蹲操作姿势、操作位置，感觉自如	脚跟不着地，蹲姿不稳。双臂肘依托、依靠大腿不灵活	根据要领进行焊接姿势、蹲位的训练。双臂悬空平稳，手腕运弧灵活自如

（续）

序号	操作程序	操作技术要领	技术依据质量标准	检验方法	易产生问题及焊接缺陷	产生原因及防治措施
13-3	引弧	焊枪内焊丝端头距始焊处2mm，按动按钮，随后自动送气、送电、送丝，焊丝与焊件表面相接触而短路起弧。此时，由于焊丝与焊件接触而产生一个反弹力，操作者应握紧焊枪，勿使焊枪因冲击而回升，一定要保持喷嘴与焊件表面距离恒定，这是防止引弧时产生缺陷的关键	采用焊丝直径为1mm。保证喷嘴与焊件表面距离恒定	检查始焊处焊缝尺寸及焊接质量	始焊处焊缝不在端头和接缝上；始焊处焊缝产生高低不平、宽窄不齐现象	按要求正确掌握引弧始焊技术；引弧后焊速过快造成；适当预热，焊速适合，小幅摆动
13-4	运弧	电弧需要有三个力同时作用于熔池：一是随着焊丝的熔化焊枪及时向前给送；二是随着熔池温度和尺寸变化焊枪向前进方向移动形成焊缝；三是根据焊缝宽度和熔合的需要横向摆动。当电弧摆动到坡口两侧时应稍作停顿，避免焊缝产生咬边和熔合不良现象	焊缝平直，宽窄一致。焊缝背面余高为0~3mm	检查焊缝表面缺陷，用检测尺检查焊缝外观尺寸	焊缝高低不平、宽窄不齐，有脱节、下坠现象	严格控制焊接速度，调整焊枪角度，摆动幅度不要太大，熟练运弧
13-5	接头	打底层焊时，在收弧处后端5mm处引燃电弧，快速摆动至接头端部时下压并稍作停顿，待填满弧坑后正常向焊接方向施焊。填充层焊和盖面层焊时，在收弧处前端5mm处引燃电弧，快速摆动至接头端部稍作停顿，待填满弧坑后正常向焊接方向进行施焊	接头过渡平整，不过高、不脱节，无焊瘤或未焊透	检查接头处焊缝质量，用测量器测定焊缝接头处尺寸	接头焊瘤、接头脱节、接头超高	电弧停留时间过长或过短，下压过低或不够造成。熟练操作手法，控制停留时间
13-6	熄弧	当中断焊接过程或焊至终焊处熄弧时，按动按钮，电弧熄灭，焊枪应在熄弧处停留3~5s后方可移开，以保证熔池在冷却凝固时得到可靠的CO_2气体滞后保护，此时自动断电、断气，焊接过程结束	终焊熄弧处焊缝饱满无缺陷，焊缝尺寸与整条焊缝一致	检查终焊熄弧处焊接质量，用焊缝测量器测定焊缝尺寸	终焊熄弧处弧坑塌陷，温度过高产生气孔	采用断弧法降温，缩小熔池面积并填满弧坑，熄弧动作要干净利落

实训十四　插入式管板垂直仰焊的操作步骤

序号	操作程序	操作技术要领	技术依据质量标准	检验方法	易产生问题及焊接缺陷	产生原因及防治措施
14-1	装配	将孔板放于水平位置，将孔板开孔与管件两轴心对正，装配间隙3.0mm，保证管件与孔板位置垂直，在管子顺时针2点和10点两个位置进行定位焊，定位焊长度应小于10mm。注意定位焊的焊接电流不宜过大。把装配好的焊件按孔板水平且管件朝下的位置固定在操作平台或焊接胎具（架）上，准备施焊	管板同心同轴，相互垂直。焊件孔板位置水平，管件朝下放置稳定，牢固夹紧	检查定位焊缝质量，焊件固定后应不松动、不跌落	定位焊缝没有焊牢固，有错边，相互不垂直；焊件孔板没在水平位置，管件未朝下；焊件有松动	定位焊缝应焊接牢靠，无错边，相互垂直；焊件孔板尽可能放置水平且管件朝下；焊件尽可能牢固夹紧

（续）

序号	操作程序	操作技术要领	技术依据质量标准	检验方法	易产生问题及焊接缺陷	产生原因及防治措施
14-2	姿势	焊接时，身体呈下蹲姿势，上身挺直稍向前倾，双脚跟着地八字蹲稳。根据焊缝的长度确定身体与焊缝的相对位置。注意应保证整条焊缝焊接过程中视线无遮挡，始终可以观察到电弧。采用双手持枪，右手握焊枪，左手辅助托起焊枪，保持焊枪稳定。手臂悬空，以上臂作为支撑，以小臂与手腕配合，控制与焊件的角度、焊接速度及电弧的摆动运弧	人体蹲稳，手臂悬空，小臂与手腕运弧自如	自己试蹲操作姿势、操作位置，感觉自如	双脚跟不着地，蹲姿不稳。双臂肘依托、依靠大腿不灵活	根据要领进行仰角焊姿势、蹲位的训练。双臂悬空平稳，小臂与手腕运弧灵活自如
14-3	引弧	焊枪内焊丝端头距始焊处 2mm，按动按钮，随后自动送气、送电、送丝，焊丝与焊件表面相接触而短路起弧。此时，由于焊丝与焊件接触而产生一个反弹力，操作者应握紧焊枪，勿使焊枪因冲击而回升，一定要保持喷嘴与焊件表面距离恒定，这是防止引弧时产生缺陷的关键	采用焊丝直径为 1mm。保证喷嘴与焊件表面距离恒定	检查始焊处焊缝尺寸及焊接质量	始焊处焊缝不在端头和接缝上；始焊处焊缝产生高低不平、宽窄不齐现象	按要求正确掌握引弧始焊技术；引弧后焊速过快造成；适当预热，焊速适合，小幅摆动
14-4	运弧	电弧需要有三个力同时作用于熔池：一是随着焊丝的熔化焊枪及时向上给送；二是随着熔池温度和尺寸变化焊枪向前进方向移动形成焊缝；三是根据焊缝宽度和熔合的需要上下摆动。当电弧摆动到坡口两侧时应稍作停顿，避免焊缝产生咬边和熔合不良现象	焊缝平直，宽窄一致。焊缝背面余高为 0~3mm	检查焊缝表面缺陷，用检测尺检查焊缝外观尺寸	焊缝高低不平、宽窄不齐，有脱节、下坠现象	严格控制焊接速度，调整焊枪角度，摆动幅度不要太大，熟练运弧
14-5	接头	打底层焊时，在收弧处后端 5mm 处引燃电弧，快速摆动至接头端部时下压并稍作停顿，待填满弧坑后正常向焊接方向施焊。填充层焊和盖面层焊时，在收弧处前端 5mm 处引燃电弧，快速摆动至接头端部稍作停顿，待填满弧坑后正常向焊接方向进行施焊	接头过渡平整，不过高、不脱节，无焊瘤或未焊透	检查接头处焊缝质量，用测量器测定焊缝接头处尺寸	接头焊瘤、接头脱节、接头超高	电弧停留时间过长或过短，下压过低或不够造成。熟练操作手法，控制停留时间
14-6	熄弧	当中断焊接过程或焊至终焊处熄弧时，按动按钮，电弧熄灭，焊枪应在熄弧处停留 3~5s 后方可移开，以保证熔池在冷却凝固时得到可靠的 CO₂ 气体滞后保护，此时自动断电、断气，焊接过程结束	终焊熄弧处焊缝饱满无缺陷，焊缝尺寸与整条焊缝一致	检查终焊熄弧处焊接质量，用焊缝测量器测定焊缝尺寸	终焊熄弧处弧坑塌陷，温度过高产生气孔	采用断弧法降温，缩小熔池面积并填满弧坑，熄弧动作要干净利落

项目训练十二　插入式管板垂直平焊

1. 训练图样

插入式管板垂直平焊单面焊双面成形图样如图 7-21 所示。

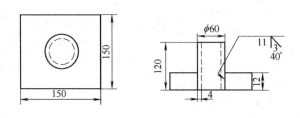

技术要求

1. 焊件打磨干净，装配平齐。
2. 自己确定焊接参数。
3. 要求定位焊缝两点，定位焊缝长度小于 10mm。
4. 焊后清理焊件，焊缝表面不得修饰和补焊。
5. 焊完后的焊脚高度为壁厚 + 系数 (0 ~3)。

课题号	12	课题名称	插入式管板垂直平焊单面焊双面成形
材料牌号	Q235 Q245R	焊件尺寸	150mm×150mm×12mm　1 件 ϕ60mm×120mm×4mm　1 件
核定工时	45min	实做工时	

图 7-21　训练图样

2. 焊前准备

（1）焊接方法　半自动 CO$_2$ 焊。

（2）钢材牌号　Q235、Q245R。

（3）焊丝牌号　H08Mn2SiA，焊丝为实心焊丝，尺寸为 ϕ1.0mm。

（4）焊件尺寸　$L×B×S$ = 150mm×150mm×12mm+ϕ60mm×120mm×4mm。

（5）焊接位置　管板垂直平焊。

（6）接头形式　T 形接头。

（7）坡口形式　单边 V 形坡口，单边坡口面角度为 40°。

（8）焊接场地、焊机及辅助设备、工量具

1）场地。具有良好的采光、照明、除尘条件及适合各种位置焊接的焊接胎夹具。

2）焊机。NBC-350 焊机。

3）辅助设备。内置或外置送丝机、CO$_2$ 气瓶、流量计、焊枪、电缆、胶管等。

4）工量具。锤子、錾子、钢丝刷、90°角尺、焊缝测量器、角向磨光机等。

3. 训练要求

（1）训练目的

1）熟练掌握 CO$_2$ 焊弧焊电源及附属设备的调节使用方法。

2）熟练掌握 CO$_2$ 焊的引弧、运弧、接头、熄弧等操作要领。

3）掌握管板垂直平焊单面焊双面成形操作技巧和方法。

（2）训练内容

1）填写焊接工艺卡，见表7-7。

表7-7 焊接工艺卡

焊件厚度	装配间隙	焊丝直径	焊接电流	电弧电压	焊枪角度	运弧方法	反变形量

2）焊接设备的使用和调节。

3）焊接参数的选择见表7-8，重点是焊接电流与电弧电压匹配的调节。

表7-8 焊接参数

焊接层次	焊丝直径/mm	焊丝伸出长度/mm	焊接电流/A	焊接电压/V	气体流量/L·min
打底层	$\phi1.0$	10~15	90~110	18~20	10~15
填充层	$\phi1.0$	10~15	110~130	19~21	10~15
盖面层	$\phi1.0$	10~15	110~130	19~21	10~15

4）焊脚高度控制及焊缝凸凹度的控制。

5）焊波均匀及焊缝宽窄一致、高低平整等的掌控，做到焊缝表面无任何焊接缺陷。

（3）工时定额 工时定额为45min。

（4）安全文明生产

1）认真执行安全技术操作规程。

2）正确穿戴劳动保护用品。

3）严格遵守文明生产规定，做到焊接场地整洁，工件、工具摆放整齐。

4）焊接结束应关闭电焊机和气瓶阀门，并清理焊接现场，检查有无安全隐患。

4. 训练步骤

1）看清训练项目内容，了解技术要求。检查焊件是否符合焊接要求。

2）认真完成焊前的各项检查、调试等准备工作。

3）起动焊机，打开气源后，仔细检查焊机电路、气路系统工况是否正常。

4）根据需要选择和调节合适的焊接电流、电弧电压和气体流量等。

5）认真清理和打磨焊件待焊处，直至露出金属光泽。

6）检查定位焊缝是否符合要求。

7）按照焊接工艺及操作要领施焊，注意操作方法的正确性。

8）施焊过程保证稳定的工作位置和焊枪角度及控制 CO_2 气体对熔池的保护作用。

9）焊后检测焊缝尺寸及表面质量。

5. 训练时间

训练时间为30学时。

6. 评分标准

项目配分及评分标准见表7-9。

表 7-9　项目配分及评分标准

序号	检测项目	配分	技 术 标 准	实测情况	得分	备注
1	焊缝凸度	8	允许差 1mm，每超差 1mm 扣 4 分			
2	焊缝凹度	8	允许差 1mm，每超差 1mm 扣 4 分			
3	焊脚高度	10	允许差 1mm，每超差 1mm 扣 5 分			
4	接头成形	10	要求整齐，美观，成形良好，有一处脱节或超高扣 5 分			
5	焊缝直线度	10	平直，否则每处扣 5 分			
6	表面未熔合	8	无，否则每处扣 8 分			
7	咬边	8	深<0.5mm，每长 10mm 扣 4 分；深>0.5mm，每长 10mm 扣 8 分			
8	弧坑	6	无，否则每处扣 6 分			
9	焊件变形	6	允许差 1°，每超差 1° 扣 3 分			
10	表面气孔	8	无，否则每处扣 8 分			
11	电弧擦伤	6	无，否则每处扣 6 分			
12	焊件清洁	6	清洁，否则每处扣 3 分			
13	安全文明生产	6	劳保用品穿戴整齐，服从管理，文明操作，否则扣 6 分			
	总分	100	项目训练成绩			

项目训练十三　插入式管板水平固定焊

1. 训练图样

插入式管板水平固定焊单面焊双面成形图样如图 7-22 所示。

2. 焊前准备

（1）焊接方法　半自动 CO₂ 焊。

（2）钢材牌号　Q235、Q245R。

（3）焊丝牌号　H08Mn2SiA，焊丝为实心焊丝，直径为 $\phi1.0mm$。

（4）焊件尺寸　$L\times B\times S=150mm\times150mm\times12mm+\phi60mm\times120mm\times4mm$。

（5）焊接位置　管板水平固定焊。

（6）接头形式　T 形接头。

（7）坡口形式　单边 V 形坡口，单边坡口面角度为 40°。

（8）焊接场地、焊机及辅助设备、工量具

1）场地。具有良好的采光、照明、除尘条件及适合各种位置焊接的焊接胎夹具。

2）焊机。NBC-350 焊机。

3）辅助设备。内置或外置送丝机、CO₂ 气瓶、流量计、焊枪、电缆、胶管等。

4）工量具。锤子、錾子、钢丝刷、90°角尺、焊缝测量器、角向磨光机等。

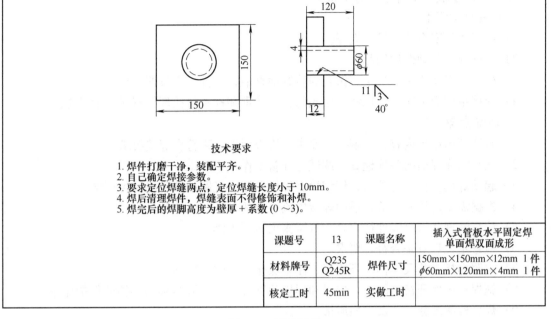

技术要求

1. 焊件打磨干净，装配平齐。
2. 自己确定焊接参数。
3. 要求定位焊缝两点，定位焊缝长度小于10mm。
4. 焊后清理焊件，焊缝表面不得修饰和补焊。
5. 焊完后的焊脚高度为壁厚＋系数(0～3)。

课题号	13	课题名称	插入式管板水平固定焊单面焊双面成形
材料牌号	Q235 Q245R	焊件尺寸	150mm×150mm×12mm 1件 φ60mm×120mm×4mm 1件
核定工时	45min	实做工时	

图 7-22　训练图样

3. 训练要求

（1）训练目的

1）熟练掌握 CO₂ 焊弧焊电源及附属设备的调节使用方法。

2）熟练掌握 CO₂ 焊的引弧、运弧、接头、熄弧等操作要领。

3）掌握管板水平固定焊单面焊双面成形操作技巧和方法。

（2）训练内容

1）填写焊接工艺卡，见表 7-10。

表 7-10　焊接工艺卡

焊件厚度	装配间隙	焊丝直径	焊接电流	电弧电压	焊枪角度	运弧方法	反变形量

2）焊接设备的使用和调节。

3）焊接参数的选择见表 7-11，重点是焊接电流与电弧电压匹配的调节。

表 7-11　焊接参数

焊接层次	焊丝直径/mm	焊丝伸出长度/mm	焊接电流/A	焊接电压/V	气体流量/L·min
打底层	φ1.0	10~15	90~110	18~20	10~15
填充层	φ1.0	10~15	110~130	19~21	10~15
盖面层	φ1.0	10~15	110~130	19~21	10~15

4）焊脚高度控制及焊缝凸凹度的控制。

5）焊波均匀及焊缝宽窄一致、高低平整等的掌控，做到焊缝表面无任何焊缝缺陷。

（3）工时定额　工时定额为 45min。

（4）安全文明生产

1）认真执行安全技术操作规程。

2）正确穿戴劳动保护用品。

3）严格遵守文明生产规定，做到焊接场地整洁，工件、工具摆放整齐。

4）焊接结束应关闭电焊机和气瓶阀门，并清理和检查焊接现场有无安全隐患。

4. 训练步骤

1）看清训练项目内容，了解技术要求。检查焊件是否符合焊接要求。

2）认真完成焊前的各项检查、调试等准备工作。

3）起动焊机，打开气源后，仔细检查焊机电路、气路系统工况是否正常。

4）根据需要选择和调节合适的焊接电流、电弧电压和气体流量等。

5）认真清理和打磨焊件待焊处，直至露出金属光泽。

6）检查定位焊缝是否符合要求。

7）按照焊接工艺及操作要领施焊，注意操作方法的正确性。

8）施焊过程保证稳定的工作位置和焊枪角度及控制 CO₂ 气体对熔池的保护作用。

9）焊后检测焊缝尺寸及表面质量。

5. 训练时间

训练时间为 30 学时。

6. 评分标准

项目配分及评分标准见表 7-12。

表 7-12　项目配分及评分标准

序号	检测项目	配分	技 术 标 准	实测情况	得分	备注
1	焊缝凸度	8	允许差 1mm，每超差 1mm 扣 4 分			
2	焊缝凹度	8	允许差 1mm，每超差 1mm 扣 4 分			
3	焊脚高度	10	允许差 1mm，每超差 1mm 扣 5 分			
4	接头成形	10	要求整齐，美观，成形良好，有一处脱节或超高扣 5 分			
5	焊缝直线度	10	平直，否则每处扣 5 分			
6	表面未熔合	8	无，否则每处扣 8 分			
7	咬边	8	深<0.5mm，每长 10mm 扣 4 分；深>0.5mm，每长 10mm 扣 8 分			
8	弧坑	6	无，否则每处扣 6 分			
9	焊件变形	6	允许差 1°，每超差 1° 扣 3 分			
10	表面气孔	8	无，否则每处扣 8 分			
11	电弧擦伤	6	无，否则每处扣 6 分			
12	焊件清洁	6	清洁，否则每处扣 3 分			
13	安全文明生产	6	劳保用品穿戴整齐，服从管理，文明操作，否则扣 6 分			
	总分	100	项目训练成绩			

项目训练十四　插入式管板垂直仰焊

1. 训练图样

插入式管板垂直仰焊单面焊双面成形图样如图 7-23 所示。

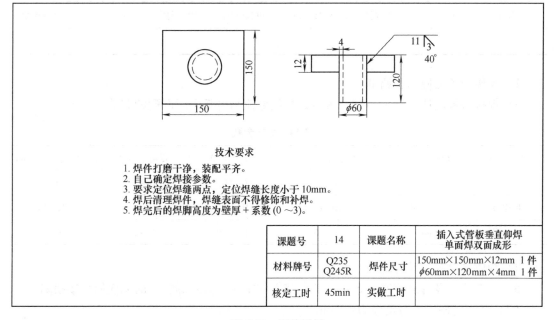

技术要求

1. 焊件打磨干净，装配平齐。
2. 自己确定焊接参数。
3. 要求定位焊缝两点，定位焊缝长度小于 10mm。
4. 焊后清理焊件，焊缝表面不得修饰和补焊。
5. 焊完后的焊脚高度为壁厚＋系数（0～3）。

课题号	14	课题名称	插入式管板垂直仰焊单面焊双面成形
材料牌号	Q235 Q245R	焊件尺寸	150mm×150mm×12mm 1 件 φ60mm×120mm×4mm 1 件
核定工时	45min	实做工时	

图 7-23　训练图样

2. 焊前准备

（1）焊接方法　半自动 CO_2 焊。

（2）钢材牌号　Q235、Q245R。

（3）焊丝牌号　H08Mn2SiA，焊丝直径为 $\phi1.0mm$。

（4）焊件尺寸　$L×B×S = 150mm×150mm×12mm+\phi60mm×120mm×4mm$。

（5）焊接位置　管板垂直仰焊。

（6）接头形式　T 形接头。

（7）坡口形式　单边 V 形坡口，单边坡口面角度为 40°。

（8）焊接场地、焊机及辅助设备、工量具

1）场地。具有良好的采光、照明、除尘条件及适合各种位置焊接的焊接胎夹具。

2）焊机。NBC-350 焊机。

3）辅助设备。内置或外置送丝机、CO_2 气瓶、流量计、焊枪、电缆、胶管等。

4）工量具。锤子、錾子、钢丝刷、90°角尺、焊缝测量器、角向磨光机等。

3. 训练要求

（1）训练目的

1）熟练掌握 CO_2 焊弧焊电源及附属设备的调节使用方法。

2）熟练掌握 CO_2 焊的引弧、运弧、接头、熄弧等操作要领。

3）掌握管板垂直仰焊单面焊双面成形操作技巧和方法。

（2）训练内容

1）填写焊接工艺卡，见表7-13。

表7-13　焊接工艺卡

焊件厚度	装配间隙	焊丝直径	焊接电流	电弧电压	焊枪角度	运弧方法	反变形量

2）焊接设备的使用和调节。

3）焊接参数的选择见表7-14，重点是焊接电流与电弧电压匹配的调节。

表7-14　焊接参数

焊接层次	焊丝直径/mm	焊丝伸出长度/mm	焊接电流/A	焊接电压/V	气体流量/L·min
打底层	ϕ1.0	10~15	90~110	18~20	10~15
填充层	ϕ1.0	10~15	110~130	19~21	10~15
盖面层	ϕ1.0	10~15	110~130	19~21	10~15

4）焊脚高度控制及焊缝凸凹度的控制。

5）焊波均匀及焊缝宽窄一致、高低平整等的掌控，做到焊缝表面无任何焊接缺陷。

（3）工时定额　工时定额为45min。

（4）安全文明生产

1）认真执行安全技术操作规程。

2）正确穿戴劳动保护用品。

3）严格遵守文明生产规定，做到焊接场地整洁，工件、工具摆放整齐。

4）焊接结束应关闭电焊机和气瓶阀门，并清理焊接现场，检查有无安全隐患。

4. 训练步骤

1）看清训练项目内容，了解技术要求。检查焊件是否符合焊接要求。

2）认真完成焊前的各项检查、调试等准备工作。

3）起动焊机，打开气源后，仔细检查焊机电路、气路系统工况是否正常。

4）根据需要选择和调节合适的焊接电流、电弧电压和气体流量等。

5）认真清理和打磨焊件待焊处，直至露出金属光泽。

6）检查定位焊缝是否符合要求。

7）按照焊接工艺及操作要领施焊，注意操作方法的正确性。

8）施焊过程保证稳定的工作位置和焊枪角度及控制CO$_2$气体对熔池的保护作用。

9）焊后检测焊缝尺寸及表面质量。

5. 训练时间

训练时间为30学时。

6. 评分标准

项目配分及评分标准见表7-15。

表 7-15　项目配分及评分标准

序号	检测项目	配分	技　术　标　准	实测情况	得分	备注
1	焊缝凸度	8	允许差 1mm，每超差 1mm 扣 4 分			
2	焊缝凹度	8	允许差 1mm，每超差 1mm 扣 4 分			
3	焊脚高度	10	允许差 1mm，每超差 1mm 扣 5 分			
4	接头成形	10	要求整齐，美观，成形良好，有一处脱节或超高扣 5 分			
5	焊缝直线度	10	平直，否则每处扣 5 分			
6	表面未熔合	8	无，否则每处扣 8 分			
7	咬边	8	深<0.5mm，每长 10mm 扣 4 分；深>0.5mm，每长 10mm 扣 8 分			
8	弧坑	6	无，否则每处扣 6 分			
9	焊件变形	6	允许差 1°，每超差 1° 扣 3 分			
10	表面气孔	8	无，否则每处扣 8 分			
11	电弧擦伤	6	无，否则每处扣 6 分			
12	焊件清洁	6	清洁，否则每处扣 3 分			
13	安全文明生产	6	劳保用品穿戴整齐，服从管理，文明操作，否则扣 6 分			
	总分	100	项目训练成绩			

参 考 文 献

[1] 北京市工伤及职业病危害预防中心. 焊工 [M]. 北京：机械工业出版社，2005.
[2] 李荣雪. 焊工工艺与技能训练 [M]. 2版. 北京：高等教育出版社，2015.
[3] 邓洪军. 焊条电弧焊实训 [M]. 2版. 北京：机械工业出版社，2008.
[4] 雷世明. 焊接方法与设备 [M]. 3版. 北京：机械工业出版社，2014.
[5] 张依莉. 焊接实训 [M]. 2版. 北京：机械工业出版社，2015.
[6] 冯菁菁，王云鹏. 焊接结构生产 [M]. 3版. 北京：机械工业出版社，2018.
[7] 王艳芳，杨兵兵. CO_2 气体保护焊技术 [M]. 北京：机械工业出版社，2011.
[8] 邱言龙，聂正斌，雷振国. 二氧化碳气体保护焊技术快速入门 [M]. 2版. 上海：上海科学技术出版社，2015.
[9] 王兵. CO_2 气体保护焊一学就会 [M]. 北京：化学工业出版社，2014.
[10] 唐敏蓉. CO_2 气体保护焊实训操作 [M]. 哈尔滨：哈尔滨工程大学出版社，2014.